优秀男孩一定要做的101件事

蔡万刚◎编著

中国纺织出版社有限公司

内 容 提 要

人生就是一个不断完善和提升自我的过程，尤其是对处于成长期的男孩而言，塑造自我，让自己拥有与人竞争的能力，拥有立足于社会的本领，拥有智慧处事的头脑，才能让自己在未来更好地把握成才与成功的机遇，从而成就男孩的完美人生。

本书通过一些名人成才与成功的故事，从男孩成长阶段的身心发展特点出发，总结出男孩要做的101件事，帮助男孩成长为自立自强、积极阳光、智慧担当的男人，娓娓道来的故事，温情的文字解读，是男孩自我塑造的最佳枕边书。

图书在版编目（CIP）数据

优秀男孩一定要做的101件事 / 蔡万刚编著. -- 北京：中国纺织出版社有限公司，2021.11（2024.4重印）
ISBN 978-7-5180-8695-5

Ⅰ. ①优… Ⅱ. ①蔡… Ⅲ. ①男性—成功心理—青少年读物 Ⅳ. ①B848.4-49

中国版本图书馆CIP数据核字（2021）第138598号

责任编辑：赵晓红　　责任校对：高　涵　　责任印制：储志伟

中国纺织出版社有限公司出版发行
地址：北京市朝阳区百子湾东里A407号楼　邮政编码：100124
销售电话：010—67004422　传真：010—87155801
http://www.c-textilep.com
中国纺织出版社天猫旗舰店
官方微博 http://weibo.com/2119887771
北京一鑫印务有限责任公司印刷　各地新华书店经销
2021年11月第1版　2024年4月第2次印刷
开本：880×1230　1/32　印张：6
字数：130千字　定价：39.80元

前言

美国著名心理学家威廉·詹姆斯说：“播下一个行动，收获一种习惯；播下一种习惯，收获一种性格；播下一种性格，收获一种命运。”培根在《习惯论》里也说：“思想决定行为，行为决定习惯，习惯决定性格，性格决定命运。”一个人的行为是由思想支配的，行为的积累养成习惯，习惯的根深蒂固改变性格，性格又会左右思维和行为方式，自然潜移默化地决定了命运。

童年时期乃至青春期是男孩黄金时代开始的序幕，这个阶段的男孩大多还在象牙塔里学习。这一阶段，男孩的性格、修养、气质开始定型，青春年华开始绽放，于是，男孩有效提升自己成为了这一阶段不可或缺的人生规划。

优秀男孩往往是很早就开始养成的，通过去做101件事，从这些事情中锻炼自己自信、乐观、韧性、自尊自爱、自律、担当、果断等良好品性。毕竟男孩，应该慢慢学会忍耐与宽容，平时的大少爷脾气应该慢慢收敛，切忌由于自己的计较而失去自尊，成为被人指责的没有教养的男孩；保持善意的微笑，哪怕面对那些不友好的人，也可以让对方感到无地自容，给他人留下大度且善解人意的好印象；在适当时让步，不但可以体现自己的涵养，而且会让你成为受欢迎的男孩；慢慢褪去青涩，成长为有担当且有勇气的男孩。

优秀男孩要做101件事，来基本完成自己的人格塑造。对男孩来说，成长时期是塑造自我的绝佳时机。年龄方面，这一阶段处于男孩身心发展定格的最后关键时期，有助于自我的重塑；时间方面，这一阶段的男孩尚处于学校氛围之中，文化的熏陶有助于更好地了解自我、重塑自我；经验方面，男孩正需要这一阶段关于自我的修炼与塑造，来为未来迈出校门走入社会做好身心的准备。所以，男孩需要有效修炼好性格，提升自己，塑造完美的自我。

编著者

2021年1月

目录

第一章

提升男孩竞争力的10件事

勤于学习，没有人只靠天分成功

有位记者曾问亚洲首富李嘉诚：“李先生，您成功靠什么？”李嘉诚毫不犹豫地回答：“靠学习，不断地学习。”不断地学习知识，是李嘉诚成功的奥秘！

李嘉诚勤于自学，在任何情况下都不忘记读书。青年时打工期间，他坚持“抢学”，创业期间坚持“抢学”，经营自己的“商业王国”期间，仍孜孜不倦地学习。李嘉诚一天工作十多个小时，仍然坚持学英语。早在办塑料厂时就专门聘请一位私人教师每天早晨7点30分上课，上完课再去上班，天天如此。当年，懂英文的华人在香港社会是“稀有动物”。懂得英文使李嘉诚可以直接飞往英美，参加各种展销会，谈生意可直接与外籍投资顾问、银行的高层打交道。如今，李嘉诚已年逾古稀，仍爱书如命，坚持不断地读书学习。

一个人不可能随随便便成功，李嘉诚向每个渴望成功的男孩展示了这个道理。可能每个男孩都惊羡于李嘉诚式的成功，但却做不到李嘉诚式的努力与勤奋。那么，你不妨问问自己：我做到99%的勤奋了吗？如果你的回答是否定的，那么，你就知道症结所在了。也许，有些男孩会说，我不够聪明。而实际上，即使智慧，也源于勤奋。没有人能只依靠天分成功。自身的缺点并不可怕，可怕的是缺少勤奋的精神。只要勤奋，再艰巨的任务都可以完成，再坚定的山都会被“移走”。滴水能把石穿透，万事功到自然成。唯有勤劳才是永不枯竭的财源。

现代社会，知识改变命运这个道理早已毋庸置疑，时代正在急速发展，各种技术日新月异，已经对生活在这个时代的人提出了新的学习的要求，但无论何时，勤奋永远是任何一个男孩应该摆在第一位的学习态度。如果你没有时刻学习的意识，不通过学习了解掌握新技术，那么你必然跟不上时代的发展。

培养竞争意识，做有实力的男子汉

姚明很小的时候，就对篮球表现出了疯狂的热衷。4岁的他获得了人生的第一个篮球。由于从小受到的家庭熏陶，他对篮球的悟性逐渐显露出来。9岁那年，姚明在上海徐汇区少年体校开始接受业余训练。5年后，他进入上海青年队；17岁入选国家青年队；18岁穿上了中国队队服，进入了中国男篮，并且，他的表现也进一步成熟起来。

2000年奥运会上，姚明平均每场拿下10.5分和球队最高的6个篮板2.2次盖帽，他平均每场63.9%的投篮命中率也无人能比。

在2001年的亚洲篮球锦标赛上，姚明每场贡献13.4分10.1个篮板和2.8次盖帽，投篮命中率高达72.4%，帮助中国国家队夺得冠军。

在美国当地时间2002年6月26日的选秀大会上，休斯敦火箭队顺利挑到了中国的中锋姚明，姚明因此成为联盟历史上第一个在首轮第一位被选中的外国球员。被选中的中国小巨人也成为联盟历史上最高的状元秀。在姚明加盟休斯敦火箭队之后，他成为继王治郅和巴特尔之后第三位登陆NBA的中国球员。

在NBA的第一个赛季中，姚明就表现得非常好，入选了NBA全明星首发阵容，成为第一个获此殊荣的亚洲球员。

在2004年，他连续两次获得NBA全明星赛的首发位置。他凭借着出色的表现，征服了越来越多的世界篮球迷。

姚明之所以在体坛能有如此成就，之所以能众望所归，是实力所至，有实力的男孩不怕竞争，这一点在姚明身上更是有了一个最好的显现。的确，从小在蜜罐里泡大的男孩就像温室里的花苗，从小不注重能力和实力的培养，也没有竞争意识，经不起风吹雨打，自然也见不到美丽的彩虹！于是，生活中出现了很多的“啃老族”，所谓的“啃老族”就是孩子到了成年了还在吃父母，靠父母。物竞天择，适者生存，当今社会更是一个处处充满竞争的社会，一个真正的男子汉除了血气方刚、敢想敢做以外，还要用知识武装自己的头脑，这样才能在失败中总结教训，在成功中积累经验，从而在未来社会中做个勇敢、有实力的男子汉！为此，每个男孩，都应该从现在起培养自己的竞争意识，要学会以积极的态度与同学展开竞争。

不愿意做元帅的士兵就不是好士兵，男孩，你必须从小培养自己的竞争意识，要知道，“乖”孩子已经不适应社会了，要想将来不被社会淘汰，就要从小具备竞争意识。

对自己的缺点和短板有正确清晰的认知

每个人都有缺点，就像每个水桶都有自己的短板一样。因为这些缺点，我们也许无法很好地承担一些工作，也因为这些缺点，我们的人生绽放出与众不同的光彩。所谓完美，就是优点与缺点并存，在这个世界上，没有绝对完美的人。只要我们正确看待自己的缺点，扬长避短，或者为自己的缺点找一个适合发挥的领域，如此一来，那些缺点非但不会阻碍我们的发展，甚至还有可能转变为优点。正如一只有短板的水桶，它也许无法顺利地把一整桶水运送到主人家，但它却能够为沿途的野花浇水，用美丽的鲜花装点主人的餐桌。

一位挑水的农夫，他有两个用了很久的水桶，分别吊在扁担的两头，其中一个桶子有裂缝，另一个则完好无缺。每次完好无缺的桶子总能将满满一桶水从溪边送到家中，但是有裂缝的桶子到达家时，只剩下半桶水。

两年来，挑水农夫就这样每天挑一桶半的水到家。当然，好桶子对自己能够送满整桶水感到很自豪。破桶子呢？对于自己的缺陷则非常羞愧，它为只能负起责任的一半，感到非常难过。

饱尝了两年失败的苦楚，破桶子终于忍不住，在小溪旁对挑水农夫说："我很惭愧，必须向你道歉。"挑水夫问道："你为什么觉得惭愧？""过去两年里，因为我你只能送半桶水到家中，我的缺陷使你做了全部的工作，却只收到一半的成果。"破桶子说。农夫替破桶子感到难过，他充满怜爱地说："我们回家的路上，我要你留意路旁盛开的花朵。"

果真，他们走在山坡上，破桶子眼前一亮，看到缤纷的花朵，开满路的一旁，沐浴在温暖的阳光之下，这景象使它开心了很多！但是走到小路的尽头，它又难受了，因为一半的水又在路上漏掉了！破桶子再次向农夫道歉。挑水农夫温和地说："你有没有注意到小路只有你漏水的那一边有花，好桶子的那一边却没有开花呢？我明白你有缺陷，因此我善加利用，在漏水的路旁撒了花种，每回我从溪边回来，你就替我浇了一路花！两年来，这些美丽的花朵装饰了我的餐桌。如果你不是这个样子，我的桌上也没有这么好看的花朵了！"

是把整桶水运送到主人家重要，还是用水浇灌路边的野花重要？对于那两只不同的水桶而言，也许这两个任务都是非常重要的，因为它们有着不同的使命。想一想在摆放着鲜花的餐桌上用餐的主人的心情吧，他的内心一定充满了愉悦。当然，如果没有那只好水桶为主人家运送了更多的水，也许一餐美味就无法顺利做出来。所以不管是那只好水桶，还是那只坏水桶，都应该得到尊重，因为它们都有自己的价值。当然，它们更应该尊重自己，意识到自己的价值。做人也是如此，也许我们在某些方面不够优秀，表现得不够好，但我们不能因此妄自菲薄，而应该看看自己在其他方面是否有突出的表现。只有正确客观地评价自己，我们才能做到自尊、自重。

多学一门技艺，给自己多一条出路

当今社会，竞争之激烈早已毋庸置疑，任何一个男孩，若想在未来社会站住脚并胜出，都必须付出比他人更多的努力，都必须将自己历练成一个综合素质高的人，而要做到这点，你就不能把眼光全部放在科学文化知识的学习上，而是应该培养自己多方面的能力，要知道，多学一门技艺，在未来社会，你就会多一条出路。我们先来看下面的故事：

深夜来临了，老鼠首领发现房子的主人应该都睡了，于是，他带领着所有的小老鼠出来觅食了。聪明的老鼠首领很快发现主人厨房垃圾桶里有很多剩饭剩菜，对于老鼠来说，这就是宝藏。

这群老鼠正准备饱餐一顿时，却听到了他们最害怕听到的声音——那就是一头大花猫的叫声。它们立即慌乱了，只顾逃命，但大花猫看见老鼠，兴奋异常，哪里肯放过它们，最终有两只小老鼠躲避不及，被大花猫捉到。在两只小老鼠正要被吞噬之际，突然传来一连串凶恶的狗吠声，大花猫手足无措，狼狈逃命。

大花猫被吓跑后，老鼠首领镇定地从垃圾桶背后走出来，对小老鼠们说："我早就对你们说，多学一种语言有利无害，这次我就因此救了你们一命。”

虽然只用了这么一个小小的例子，但却向我们说明了个简单的道理——“多一门技艺，多一条路”，这也是现今社会的真理和求得更好生存的基础。所以不断学习，实在是成功人士的终身承诺。

因此，男孩，无论现阶段你的学习成绩如何，只要你肯努力地不断学习更多的技能知识，相信你在未来社会任何一个岗位上都会发光发热!

对于学习阶段的男孩来说，不要让自己成为一个书呆子，而应该多涉及学习以外的其他领域，具体说来，你可以这样做：

1.挖掘兴趣，让自己更有动力

人作为一种生物，所有的行为都是直接或者间接按照自己意志去行动的，而这一切都必须要有足够的动机——可能外界的压迫或者一时的发愤可以暂时充当这种动机，但是任何纯被动的行为是无法持续太久的。只有有了内在的动力——兴趣，学习的行为才能够高效地持久下去。

很多男孩，之所以会对玩儿热衷，而不愿意学习，就是因为没有学习兴趣，没有兴趣，就没有探究的精神和动力。

2.将你的爱好与当下的学习结合起来

可能你会说，现在的你除了对学习没兴趣外，对其他事都有兴趣，比如看小说、玩游戏等，这也就是你的“热点”，你要学会将自己的爱好与学习结合起来，因为任何一项爱好，如果没有理论知识的支配，都会失去很大的实现的可能，为此，你需要告诉自己：“要想当个作家，只有努力学习，掌握理论知识，才能提升自己，才能朝着梦想迈进一步。”“一个大型的软件公司的门槛都是本科以上学历，我想成为一个开发人员，必须要从现在努力学习。”

可见，要多学一门技艺，也并不是说非要抛下现下的学习，而是应该尽量在学习的同时完善其他知识储备，这样，才能真正成为一个多才多艺的人。

学会与他人合作

21世纪是一个合作的时代，合作已成为人类生存的手段。因为科学知识向纵深方向发展，社会分工越来越精细，人们不可能再成为百科全书式的人物。每个人都要借助他人的智慧完成自己人生的超越，这个世界充满了竞争与挑战，也充满了合作与快乐。每个新时代的男孩，都要对合作引起重视，并把合作的意识运用到日常的生活和学习中。

古人云："三个臭皮匠，赛过一个诸葛亮"，这句话很明确地表明了团队合作的意义：团队行动可以达到个人无法独立完成的成就。也就是说，只要团队中的每个人都能充分发挥个人的才智，就能将团队的力量发挥到最大。但这里的充分发挥，很明显，是要各取所长，把每个人的力量发挥到最大。

一个跳伞运动员在一次跳伞活动中，一不小心被挂在了飞机的起落架上，高空中的冷风嗖嗖地吹着。很快，飞机驾驶员看到了出了意外的运动员，他不能见死不救，可是，他的座位离起落架太远了，他怎么也割不断救生伞，运动员只好一直被悬挂在起落架上。

驾驶员想方设法也无济于事，最后他决定，还是带运动员回机场。为了保障运动员的安全，他降低了飞行速度——由原来的每小时80千米到现在的时速60千米。可是这样做，又会带来另外一个问题，飞机可能因为速度太慢而一头栽下去。当飞机在机场上空盘旋时，由于速度过慢，驾驶员已经感受到了飞机的震荡，稍不注意就可能发生危险。

此时，驾驶员眼前一亮，他发现前方有一片草地，如果能在草地上降落，那么，便能减少地面与飞机的摩擦，对保护运动员有好处。然而也有不利因素，如果处理不好仍然会造成机毁人亡，他想到了这点，但却不知运动员是怎么想的。要知道，此时配合不好的话，就会导致更为严重的意外。

然而，运动员似乎与飞机驾驶员心有灵犀一样，就在飞机落地的一瞬间，运动员猛地把自己身子缩小，把头勾起来，他这样做的目的就是不让自己在飞机落地时碰到地面，保护自己不受伤，他的冷静给他带来了生还的希望。

很庆幸，飞机成功降落，虽然运动员皮肤擦伤了，但其他一切正常。当他看到救他的车辆驶过来时，他兴奋地对救他的人说："我太幸运了！"有人告诉他："不是你幸运，是你们配合得太好了。"

运动员与驾驶员巧妙合作，最终化险为夷。这里，假设驾驶员对飞机的操作不够熟练，运动员对自己的身体机能不能很好地把握，那么，他们必当逃不过这一关。生活中配合与协助的精神是必不可少的。当然，在配合的同时，每个人都需要发挥自己最擅长的力量。

然而，很多青春期的男孩都奉行个人主义、我行我素的做事原则，但我们发现那些个人主义者都逃脱不了失败的命运，究其根源是因为他们身上草莽的色彩和先天的不足，而男孩，如果你能在融入团体之前，先削去自己的棱角，恐怕也会少走些弯路。

所以，每个男孩都要永远记得：任何人都有自己的长处，千万不要因为你有别人没有的能力就目中无人，结果只能让你为这个团队所遗弃，再也没有可以发挥的平台了，岂不可惜？

增强意志力，提高耐挫力

对于成长中的男孩来说，困难和挫折是一所最好的学校，在这所学校里，男孩能历经磨炼，“艰难困苦，玉汝于成”。没有尝过饥与渴的滋味，就永远体会不到食物和水的甜美，不懂得生活到底是什么滋味；没有经历过困难和挫折，就品味不到成功的喜悦；没有经历过苦难，就永远感受不到什么叫幸福。处于这个阶段的男孩，你应该明白一个道理，意志薄弱者，最终都会与成功无缘，因此，即使你渴望人生的道路上充满笑脸和鲜花，但生活是无情的，每个人的人生路上都会有各种各样的苦难，畏惧苦难的人将永远不会幸福。

因此，在日常生活中注意培养自己的坚强意志，提高耐挫力，是极为必要的。

杰克·韦尔奇在全球享有盛名，他被誉为“全球第一CEO”“最受尊敬的CEO”“美国当代最成功、最伟大的企业家”。

每个人的成长过程中总有一些回忆，韦尔奇也有，他曾经这样回忆自己的一段经历：“我是个自信的人，但我也有缺乏自信的时候，我记得那是1953年的秋天，那是我上马萨诸塞大学的第一周，我很想家，我想母亲，我住不惯。我的母亲是个很爱孩子的女人，她从家要开车三个小时才能到我的学校，但她经常不辞劳苦来看我，给我打气。”

面对沮丧的儿子，他的母亲说：“你看看你周围的这些同学，他们也是离家很远，但他们却没有你这么想家，你要努力，表现得要比他们还出色。”尽管韦尔奇当时并不是很出色。

母亲的这番话确实对韦尔奇产生作用了，不到一个星期，韦尔奇就振作了，他信心十足地融入集体，并且，在第一学期的期末考试中，他的成绩还不错。

对于韦尔奇来说，母亲的这番话是有力的，因此，他受到了极大的鼓舞。

从韦尔奇的经历中，男孩，你应该有所启发：人生没有过不去的坎，跌倒了再爬起来，重新整理好自己，勇敢地去迎接挑战，就能赢得属于自己的辉煌。

成功是来之不易的，成功需要坚韧的品质。在生活中，经历一些失败，有利于男孩逐渐增强心理承受能力。面对学习上的种种失败，生活中的种种不如意，也就不会一蹶不振。

那么，作为家长，应该怎么样鼓励孩子战胜挫折呢?

1.认识挫折的必然性

挫折总是难免的，人生活在社会上，由于自然因素和社会因素，不可能全是掌声和鲜花、成功和荣誉，更多的是泪水和挫折，比如天灾、人祸、疾病、朋友的背信弃义、理想的突然破灭、地震火山爆发，往往让我们本来很好的家园一夜之间没有了。只有树立正确的挫折观，才能增强自己的抗挫折能力。

2.学会用正确的方式发泄自己的受挫感

比如，锻炼身体。受挫后，适度的“劳累”反而有利于心理健康。如节假日去徒步郊游、爬山、逛公园等都是很好的锻炼身体的方法，能从中体验到劳累，体验到艰辛，知道生活中只有有所付出，才会有所收获。

脚踏实地，才能稳步向前

没有人的人生会是一帆风顺的，人人都渴望着获得成功，不愿意承受失败，却不知道成功与失败并非我们可以选择的，而是各种因素综合作用的结果。正如人们常说的，机会总是给有所准备的人准备的，既然如此，男孩就要做好准备，这样才能有的放矢勇敢向前，也才能排除万难奔向最值得期待的美好未来。

从现在开始，男孩们，请戒掉浮躁的心，让自己更加归于平静。只有把心落下来，让内心始终安然从容，一切才会有更好的成长和发展，未来也才会不期而至。古人云，有心栽花花不开，无心插柳柳成荫。当放下功利心，一心一意只想把事情做好，反而能够最大限度提升成功的概率，也不会因为患得患失而导致自己陷入被动的状态之中，总是与失败纠缠不休。

1965年9月，美国纽约举行了世界台球冠军赛，很多有实力的选手都想在这次比赛中通过努力获得成功。路易斯也参加了这场比赛，他的实力很强，为此在比赛中始终处于领先水平，而且把实力仅次于他的竞争对手远远甩下。他的目标是获得冠军，而且对于自己的夺冠胜券在握，毫不担心。然而，在最后的决赛中，发生了一个意外，路易斯最终与冠军失之交臂。

原来，在决赛中，路易斯正准备发球，突然有只苍蝇飞过来，落在主球上。为此，路易斯赶紧把苍蝇赶走。然而，正当路易斯再次准备发球的时候，苍蝇又飞过来落在主球上。路易斯的情绪有些波动，他马上再次驱赶苍蝇。苍蝇又飞走了，但是等到路易斯又一次准备击球的时候，苍蝇仿佛故意和路易斯作对一样，又不合时宜落在主球上。路易斯再也忍不住愤怒，拿起球杆对着苍蝇狠狠击打，让他万万没想到的是，苍蝇虽然飞走了，但是球也飞走了。这样一来，路易斯就失去了一次发球的机会，他的心情恶劣极了。接下来的比赛中，路易斯的状态非常糟糕，最终，对手抓住这个机会，努力反超路易斯，赢得了冠军。原本可以成为世界冠军的路易斯，就因为浮躁而失去了近在咫尺的奖杯。

对于路易斯而言，如果他能够远离浮躁，对于成败得失怀着平静的心态，那么他就能从容应对失败，也让自己的内心归于平静，从而从失败中汲取经验和教训，未来有更大的进步。

然而，偏偏路易斯被一个苍蝇激怒，为此他失去了遥遥领先的地位，从十拿九稳的冠军变成了彻头彻尾的失败者。

男孩固然要拼尽全力追求成功，却也要调整好心态，这样才能在成长的道路上始终都保持平静和踏实，从而一步一个脚印努力向前。路易斯的失败不是因为那只不合时宜的苍蝇，也不是因为对手太过强大，而是因为他的情绪处于波动之中，所以他是败给了自己。大仲马曾经说过，任何人都要控制好自己的情绪，才能掌控人生。否则，一旦被情绪驱使和驾驭，就会失去对于生命的主宰，也会让人生完全处于失控状态。男孩们，你们准备好应对人生中的一切突发事件和境遇了吗？只有不遗余力做到最好，我们才能在生命的历程中始终努力向前，奔向理想的未来。

伺机而动，及时抓住机会

20世纪80年代，在美国有一家实力雄厚的公司——维斯卡亚公司，吸引了很多前来应聘的大学毕业生。

这群求职者里有个叫史蒂芬的人，他是哈佛大学机械制造业的高材生。和很多其他人一样，他也不幸被拒绝了，但他并未死心，而是采取了迂回的措施。他决定先“混”进去这家公司再说。他先找到公司人事部负责人，提出可以无偿为这家公司提供劳动力，只要能让他在这家公司，哪怕不计报酬，并能完成公司安排给他的任何工作。

无偿工作？负责人当然同意了。为此，斯蒂芬还得养活自己，于是，一年的时间，他白天在这家公司勤勤恳恳地工作，晚上还得去酒吧打工。令斯蒂芬失望的是，虽然他得到了所有同事和负责人的认同和好感，但公司却并没有提及正式录用他的事。不过机会很快来了。那是90年代初，这家公司的许多订单纷纷被退回，理由均是产品质量问题，为此公司蒙受了巨大的损失。此时，斯蒂芬果断地站了出来，发表了自己的看法。

在公司会议上，史蒂芬慷慨陈词，对公司出现这一问题的原因作了令人信服的解释，并且就工程技术上的问题提出了自己的看法，随后拿出了自己对产品的改造设计图。这个设计非常先进，恰到好处地保留了原来机械的优点，同时克服了已出现的弊病。总经理及董事会的董事见到这个编外清洁工如此精明在行，便询问了他的背景以及现状，而后，史蒂芬被聘为公司负责生产技术问题的副总经理。

原来，斯蒂芬这是退而求其次的一种办法，面试被拒后，为了能留下来，他便无偿为公司工作，并借此机会了解了公司的所有情况，才有了他后来如此出色的表现。

斯蒂芬为什么能一举成功，让公司高层领导对其能力加以肯定并由一名小小的清洁工成功晋升为技术问题副总经理，原因很简单，他懂得厚积薄发，伺机而动，因为他做足了充分的准备工作，在该公司最需要自己的时候及时出现，以自己过硬的专业知识解决了这项技术问题。我们设想一下，假如他空有为公司担当的勇气而没有一个完备的表现自己的计划，没有过硬的实力，那恐怕这种表现只会适得其反。

人的一生机遇至关重要。但如果不努力，不提高自身素质，则机会很难降临。男孩，可能平凡的你明白，天下不会掉馅饼，你也知道需要努力，需要为机遇积累实力，但这不是一句空话，更需要你付诸实践。

总之，机遇无处不有，无处不在，关键是看你能否把握住它。偶然的机会只对那些勤奋工作的人才有意义。成功的秘密在于，当机遇来临的时候，你已经做好了把握住它的准备。时刻准备着，当机会来临时你就成功了。

求知与不满足是进步的必需品

一天，一位教授为自己的学生授课。

即将下课时，教授对学生说：“现在离下课还有几分钟，我们来做个小实验吧。”说完，他拿出一个瓶子，然后将一些拳头大小的石头放进瓶子里，直到石头已经堆到瓶口。此时，他问学生：“瓶子满了吗？”

“满了。”所有的学生都回答：

他反问：“真的吗？”说完，他拿来一些更小的砾石，将这些砾石都放了进去，这样，瓶内的很多空间都被砾石占满了。

“现在瓶子满了吗？”这一次学生有些明白了，“可能还没有满。”一位学生说道。

“很好！”然后，他再拿来一些细小的沙子，这些沙子也轻松地被装到瓶子里，瓶子已经被填得满满的了。

“那么，现在，满了吗？”“没满！”学生们大声说。然后教授拿一壶水倒进玻璃瓶直到水面与瓶口齐平。

正所谓：活到老，学到老，终身学习，才能不断进步。一切事物随着岁月的流逝都会不断折旧，他们赖以生存的知识、技能也一样会折旧。唯有虚心学习，才能够成功掌握未来。求知与不满足是进步的第一必需品。

男孩，你要明白，真正的知识是没有尽头的，正如有句话说：“吾生也有涯，而知也无涯”。如若你想不断适应变化速度逐渐加快的现今社会，就必须不断学习，把学习当成一项终生的事业，并把这项事业贯彻到每天的生活中，如衣食住行一般。

要坚定“奋斗不息，学习不止”的信念，日复一日，沿着知识的阶梯步步登高，养成丰富自己、重视学习的习惯。世上没有绝对的成功，只有不断地努力，才能让你的成功之路走得更快更远。

改掉坏习惯，收获好命运

一种行为习惯，是人们成长过程中，在很长一段时间内逐渐形成的一种行为倾向。从某种意义上说，“习惯是人生最大的指导”。

好的习惯是十分重要的，它可以让人的一生发生重大变化。满身恶习的人，是成不了大气候的，唯有拥有好习惯的人，才能实现自己的远大目标。这就告诉所有正在成长阶段的男孩们，若想拥有一个成功的人生，就必须改掉当下存在的一些坏习惯。

曾经有一位智者，有一天，他带领弟子来到一片草地上除草。

他问弟子：“怎样才能将草地上的杂草除尽？”弟子们一听，想了很多种办法，要么是拔，要么是挖，要么是铲，但智者说，这些方法都没用，因为“野火烧不尽，春风吹又生”。

“什么才是最好的办法呢？”弟子们纷纷问。禅师说：“明年你们就知道了。”

到了第二年，弟子再回来发现，这片草地长出了成片的粮食，再也看不见原来的杂草。弟子们这才明白，原来师傅所说的最好的方法是在草地上种粮食。

用粮食根除杂草是一种智慧。我们在培养习惯时，是否可从智者那里领悟借鉴呢！好习惯多了，坏习惯自然就少了。

习惯的养成，并非一朝一夕之事；而要想改正某种不良习惯，也常常需要一段时间。根据专家的研究发现，21天以上的重复会形成习惯，90天的重复会形成稳定的习惯。所以一个观念如果被别人或者是自己验证了21次以上，它一定会变成你的信念。

第二章

让男孩优于他人的 10 个好品质

谦逊的人，才能不断进步

谦虚使人进步，骄傲使人落后。现代社会，一个人只有积极进取，承认人外有人，天外有天，才能认识到学无止境的含义，才能放开眼界，不断地吸收新的知识。因为一个谦虚的人能学到更多东西。列夫·托尔斯泰说："一个人就好像是一个分数，他的实际才能好比分子，而他对自己的估价好比分母，分母越大，则分数的值越小。"因此，尚处于青春期阶段的男孩，也应该培养谦虚这一品质，谦逊会让你不断进步。

西周时，周公辅佐成王，在治理国家上，他求贤若渴，无论谁来求见，他都热情地接见。有时候，嘴里嚼着饭、刚洗完头发，他都去见客。即使这样，他还害怕怠慢了客人。正因为这样，他以"握发吐哺"的精神让天下人臣服。

他不仅对待自己要求严格，对于自己的儿子，他也常常教育道："既然圣上把治理鲁国的权力交给你，你就一定要谦恭啊。你要记住，人外有人，天外有天，骄傲自满，只能亏损，而谦虚的就让他得到益处。很简单的道理，就像低的地方，流水经过，必定会充满了他的缺陷；而人的道理，都是厌恶骄傲自满的人，而喜欢谦虚的人啊！"

自古以来，中国人都以谦虚为培养德操的重要衡量标准，故事中的周公就是这么言传身教的。同样，生活中，我们也发现，那些越是地位高，越是成功的人，越是心胸宽广，越是虚怀若谷。因为虚心的力量是巨大的。它既让我们的头脑保持清醒，品行不入蛮俗，又会为我们创造左右逢源的生存和成长、立业的环境。谦和做人，他人也会回馈你好运。

谦虚是一种成功品质，男孩，你若想获得进步，前提就是要谦虚地看待自己，那么怎样才能变得谦虚一些呢？你可以这样培养这一性格：

1.看到自己的不足

你需要明白的是，无论你现在在同学、朋友中间是多么优秀，无论你的老师夸过你多少次，你总是存在一些不足的地方的，你应该了解这一点。你可以找一张纸写下自己做不到但是别人能做到的事情，这让你更真实地接纳自己——既不自夸也不过分自卑。

2.让好奇心引导你探求知识

男孩，可能你觉得现在的你已经掌握了老师传授的所有知识，但事实真的如此吗？再退一步讲，人生的知识并不都是书本上的，你真的对周围生活和自然以及各个方面都了如指掌吗？如果你觉得自己什么都懂，你多半不会是一个谦虚的人，实际上，越是知识渊博的人越是发现自己知道得少，培养好奇心也可以达到同样的效果，越是充满好奇越是对未知充满敬畏，也就越谦虚。

3.停止“比较心态”

所谓比较心态指的是你总是在和别人比，不仅学习要比，玩游戏也要比，这使得你不愿意在别人面前承认自己的软弱，所以你就会变得不谦虚。你不可能事事都比别人强，所以你必须抛弃比较心态。当自己不自觉地和别人比，看到别人的优秀就不高兴的时候，你要提醒自己，你没有必要事事都比别人强。

4.设定“能力目标”

为了理解“能力目标”我们需要比较一下这两个目标：“我的成绩排名前十”和“我的能力得到提升”，前一个目标叫作成绩目标，后一个叫作能力目标。能力目标就是以提高能力为目标。这样我们的成功不是建立在别人的失败之上，而是建立在自己的进步上。

拾起吃苦耐劳的传统美德

吃苦耐劳是中华民族传统美德，随着物质生活水平的提高，人们经济条件的改善，还要不要发扬这种美德？生活实践表明这种美德在今天仍然需要发扬光大。没有一点吃苦的精神，干不成任何事情，不仅成年人需要这种精神，青春期的男孩们更需要。人生道路是曲折的，每实现一个目标，都需要努力奋斗，要奋斗就需要有一种勇于吃苦的精神。

我们知道，历史上有名的“扶不起的阿斗”，其实，他的昏庸无能很大一部分就是因为缺乏锻炼的机会，留下了“乐不思蜀”的笑柄。

刘备去世后，他的儿子刘禅顺利登基，成为新一代蜀国皇帝。刘禅有个小名叫阿斗，他是个昏庸无能的人。刘备死前，曾经将刘禅交给诸葛亮辅佐，因此，一段时间以内，蜀国还没有什么问题，但诸葛亮等人死后，刘禅很快就被魏国俘虏了。

蜀汉被灭之后的一段时间内，刘禅都留在成都，后来，魏国司马昭觉得不妥，便把他转移到了洛阳。

刘禅到了洛阳，便被司马昭封为安乐公，并且，与他同行的蜀汉大臣也被封了侯。司马昭这样做，无非是为了笼络人心，稳住对蜀汉地区的统治。但是在刘禅看来，这却是很大的恩典了。

有一次，司马昭大摆酒宴，便邀请了刘禅以及以前蜀汉的旧臣，席间，司马昭叫来了一些歌女出演蜀国歌舞，众大臣纷纷有所感触，想起了自己的王国，有的还流下泪来，但唯独刘禅，好像在自己的行宫一样毫不动容。

这一切都被司马昭看在眼里，宴会后，他对贾充说：“蜀国出现刘禅这样无能的君主实在可笑，没心没肺都到这步田地！想必，即使诸葛亮再世，也无力维持蜀汉的政权了。”

过了几天，司马昭在接见刘禅的时候，问刘禅说：“您还想念蜀地吗？”刘禅乐呵呵地回答说：“这儿挺快活，我不想念蜀地。”

刘禅的懦弱无能其实和诸葛亮有很大的关系，刘备在世时，诸葛亮便拥有一切大权，没有给刘禅任何锻炼的机会，刘备死后，阿斗17岁正是长见识增才智的时候，而诸葛亮却包揽一切，阿斗仍然是“温室中的花朵”，诸葛亮一死，阿斗便六神无主了。

其实，之所以要强调不能丢下吃苦耐劳的这一品德，是为了对男孩的意志品质进行磨砺、锻炼、培养。我们发现，那些功成名就的伟大人士，无不饱经了生活的苦难和精神的洗礼从而获得了意志和能力上的升华，而恰恰相反，那些衣食无忧、受人百般呵护的男孩或多或少都有些性格、品行甚至价值观上的缺陷，蜜罐里长大的男孩弱点多，刘禅的懦弱无能就是这样一个典型的例子。

那么，青春的男孩们，你们又该如何拾起“吃苦耐劳”这一美德呢?

1.认识吃苦耐劳的必要性

从人的成长规律看，青少年时期是人生的基础阶段，能在成长期有一些吃苦的经历，将会对你的人生产生积极作用。因为任何人的一生，都不可能事事顺心，总会遇到一些这样那样的挫折，现阶段吃点苦，有助于磨炼你的意志、增强你的生存本领，因而可以说，吃吃苦，是为了让你的未来人生之路走得更平稳，是为了让你即使处于风雨之中也能勇敢地前进！

2.吃苦并不等同于“受虐”

你并不需要在生活中刻意让自己受苦，吃苦是一种心理承受力。人在艰苦的环境中，战胜的不是环境，而是自己。“逼”自己去吃苦，忍耐力就会降到最低点，不仅不能磨炼自己的意志，还会产生受挫感。

男孩要与虚荣心说再见

虚荣心是一种扭曲的自尊心，它是自尊心的过分表现，它是人们为了取得荣誉和引起普遍的注意而表现出来的一种不正常的社会情感和心理状态。不可否认，这种心理是消极的，如果你一味去追求“虚假”的东西来满足自己膨胀的“自尊心”，长期下来自己就会逐渐失去真实，失去自我。

在学校里，龙龙经常会看到同学之间互相攀比的现象，比如谁的书包好看，谁的手表最值钱，谁的生日蛋糕最大，谁的爸爸最有钱等。

龙龙也在不知不觉间越来越在乎自己的衣服或者鞋子的“牌子”了。

这是源于他听到的一次同学间的谈话。

章小刚：“我的鞋是‘李宁’牌的。”

李明明：“现在还穿‘李宁’？真老土！我早就不穿国货了，我都穿‘耐克’的。”

听着他们嘴里蹦出的这些名牌，看看自己寒酸的球鞋，龙龙整个下午都闷闷不乐。回到家里龙龙就冲着爸爸嚷嚷：“爸爸！我的球鞋该换了，我要买‘耐克’！”

爸爸瞪大了眼睛，“你不穿得好好的吗，哪儿该换了？”

“班上的同学都穿名牌，好像就我穿这么土的鞋子。”龙龙一脸委屈。爸爸放下手里的遥控器："龙龙，和爸爸说说，到底怎么回事，为什么突然觉得你的球鞋土气呢？你不是最喜欢这双鞋子的吗？"

"本来就是，班上的同学穿的鞋子都比我的好看，而且都是名牌，现在我都不和他们一起走，怕他们笑话我。"龙龙越说越委屈，眼泪都差点流出来。

爸爸笑了，"傻孩子，你经常拿自己去跟别人比，比来比去，这是不对的。难道你们班只有你一个人不穿名牌吗？再说了，你们现在还是学生，关注的应该是谁的成绩好，而不是谁的鞋子贵吧？你这是虚荣心在作怪。"爸爸又拿起了遥控器，"爸爸不是小气不给你买，而是你这个小子现在'鬼点子'多了，还学会攀比啦！如果你真的需要，周末爸爸带你去买，好好想想吧。"

回到房间龙龙怎么也睡不着，按理说爸爸答应了自己应该很开心才对啊……难道真的像爸爸说的那样，自己越来越虚荣了吗？

是的，现在学校里这种情况是非常普遍的，很多学生明明家境并不宽裕，却一身名牌，甚至有的学生的一身衣服需要花费父母一个月的工资。男孩们，我们现在还是学生，主要任务就是学习，为什么不多花点心思比较一下谁的成绩更好，谁的表现更突出呢？不要太在意外界的眼光，做好自己，相信你会用自己的能力证明你的优秀，而不是靠那些外在的装饰。

虚荣心给人们带来的麻烦和苦恼也是有目共睹的，我们一定不要成为虚荣的奴隶，应摆脱虚荣的拘束。要摆脱虚荣心，我们可以从以下几点来做。

1.追求真善美

我们要追求本真的美，做一个内在修养很优秀的人，而不是靠外在的虚荣来满足自己。一个人追求真善美就不会通过不正当的手段来炫耀自己，就不会追求虚名，也不会通过一味地比较来满足自己内心的虚荣。

2.要注重比较的对象

你要明白，你所比较的东西是自己努力换来的吗？横向地去跟他人比较，心理永远都无法平衡，只会促使虚荣心越发强烈。一定要比，就跟自己的过去比，看看各方面有没有进步。

3.拥有实事求是的作风

过于虚荣的人往往都缺乏脚踏实地的思想作风和工作作风。能满足虚荣心时就有很高的热情，一旦虚荣心得不到满足，情绪就会一落千丈。所以说，做一个脚踏实地的人，立足于现实，通过自己的努力去完善自己，这样才会拥有真才实学和实事求是的品质。

男孩们，一个人的价值如何，不在于他的自我感觉，而在于他行为的社会意义。只要树立正确的人生观，具有远大的人生目标，就不会为一般的荣誉、地位和一时的虚荣所缠绕，而是为更高的价值努力奉献。

坚持方向与计划，管理好人生

手术室里，一位年轻的护士第一次跟一位著名的外科医生合作，并且担任责任护士。手术进行了很久，在即将缝合时，女护士严肃地对医生说："我们手术总共用去了15块纱布，可我只见您取出了14块。"

医生摇摇头："纱布一块也没漏下，别耽搁时间了。"

"不！"女护士执拗地说："肯定用了15块，还有一块没取出来，我们不能缝合。"医生不予理睬，对其他人说道："手术一切正常，现在听我的，快缝合。"

“您不能这样，”女护士叫了起来，“我们得为病人负责。”

医生脸上忽然露出一丝笑容，他露出了一直捏在左手心的第15块纱布。

“从今以后，你就是我的正式助手。”医生高声对年轻的护士说。

汤姆斯·麦考莱说：“在真相肯定无人知晓的情况下，一个人的所作所为，能显示他的品格。”你必须懂得：自己不要随意放纵自己，不要轻易向各种诱惑低头，坚持自己的方向与计划，管理好自己的人生。否则，你很可能因为贪图眼前的“一点点安逸享受”而损失掉生命中真正的财富。

任何一个成长期的男孩都应该懂得：品格是一生最重要的资本。无论你出身高贵或者低贱，都无关宏旨。但你必须有做人之道。总结许多杰出人士走过的道路，你会看到，他们遭受失败的原因可能千差万别，成功的经历却大多一致：那就是他们在年少时便养成了达到巨大成功的美德，为日后的纵横四海打下了坚实的基础。

注重细节，追求卓越

很多男孩都是粗线条的，他们做事情常常只关注大的方面，而忽略了细小的细节。这样一来，难免会犯粗心大意的错误，导致做事情虽然有大概的框架，却不能在细节方面追求极致和完美。这对于男孩而言，这当然不是一件好事情，毕竟现代社会对于分工与合作要求都更高，哪怕是做很小的一件事情，也要求必须尽善尽美。更为糟糕的是，男孩一旦养成粗心大意的坏习惯，就会导致做所有事情都漫不经心，即使有意识地想要改变，也无法做到。由此可见，从小养成认真细致的好习惯，对于男孩而言至关重要。男孩切勿拿着粗心不当回事情，而是要更加追求卓越，才能在人生的道路上勇往直前，不断进取。

1485年，英国国王理查三世面临着巨大的危机，因为蓝凯斯特家族的亨利不服从查理三世的统治，决定要与查理三世决一死战，由胜利的那一方来统治英国。对于这场关系到生死存亡的战役，理查三世非常重视，发动所有的子民都上战场，为了捍卫国家的尊严和主权而战斗。眼看着战争一触即发，双方都已经做好完全的准备迎接战争的到来。理查三世决定亲自上战场，冲锋陷阵，为将士们鼓劲加油。为此，他让马夫把他的战马装备好。马夫发现战马的马掌被磨了，因而赶紧牵着战马去铁匠铺，让铁匠赶紧给战马打掌。这样国王才能骑着战马把敌人杀得落花流水，让敌人丢盔弃甲而逃。铁匠当然知道战马的重要性，不过他铺子里的所有铁片都已经给军民们打马掌用了，为此他对马夫说："你先稍等下，我来找四块马蹄铁。"然而，马夫很着急，马上就要上战场了！

铁匠很快找来四块马蹄铁，但是在钉完三块马蹄铁之后，铁匠找不到钉子钉第四块马蹄铁。马夫不停地催促，等不及铁匠砸钉子，铁匠说："如果用短的钉子钉，马蹄铁很可能不够牢固。"马夫说："没关系，战争很快就会结束，如果我耽误了国王上战场，国王肯定会责怪我的。"无奈，铁匠只好用短钉子把第四块马蹄铁凑合固定好。国王骑着战马雄赳赳气昂昂地上战场，在战争进行到关键时刻时，他扬鞭策马，朝着敌人的阵营冲过去。然而，就在此时，用短钉子钉的马蹄铁突然掉下来，战马摔在地上，把理查三世甩出去很远。理查三世此时已经冲入敌人的阵营，一下子置身于敌人的包围之中，而其他将士看到理查三世被俘虏，军心涣散，溃败而逃。就这样，因为一个钉子，失去了一块马蹄铁，摔了一个国王，输掉了一场战争，灭亡了一个国家。

如果说因为一颗钉子而导致国家灭亡，这是谁都不敢相信的，但是当整件事情连贯地发生之后，事实告诉我们一颗钉子的确会导致国家灭亡。这就像是蝴蝶效应一样，即使原本看似不相干的事情之间也会有千丝万缕的联系，也会影响事情的发生发展和结果。为此，男孩做任何事情都要注重细节，把细节做好，否则即使有再强大的能力，如果不能把小事情做得尽善尽美，就会功亏一篑，导致结果事与愿违。

俗话说，好钢用在刀刃上，同样的道理，我们也要把时间和精力都用在重要的事情上，这样才能发挥时间和精力的最大效用，把各种事情都做好。做任何事情，都要注重细节，都要有认真复杂的态度，也要坚持到底，有始有终。只有形成良好的做事习惯，才能让一切都水到渠成地完成，也才能拥有更丰富的收获。当然，要想实现这一点，前提是必须改掉浮躁的坏习惯，能够真正静下心来，脚踏实地把事情做好，这样才能由小及大，才能在完善细节的同时也做出伟大的事情，获得了不起的成就。

信守诺言，男孩才能取信于人

秦朝末年，在楚地有个大家敬仰的人叫季布，他好助人，只要是他答应别人的事情，即使有再大的困难，他也会努力办到，为此，他很受人赞扬。

后来，在刘邦与项羽的争夺战中，他有幸成为项羽的部下，还给楚军献计献策，几次都大败汉军。但最后，还是刘邦夺了天下。刘邦登基之后，依然对季布怀恨在心，便发令通缉季布。

此时的季布虽然已沦为通缉犯，但那些曾受惠于他的人，包括很多素未谋面的人，都知道季布的为人，他们都在暗中帮助他。再后来，为了躲避追兵，季布乔装后来到一家姓朱的人家当佣人，这家人明明知道他是通缉犯，依然收留了他，并且，他们还到洛阳去求朋友夏侯婴帮季布说情，刘邦在夏侯婴的劝说下撤销了对季布的通缉令，还封季布做了郎中，不久又改做河东太守。

从这个故事中，我们可以发现，一个人诚实守信，自然得道多助，能获得大家的尊重和友谊。反过来，失信于朋友，无异于丢了西瓜捡芝麻，得不偿失。

但可能很多男孩会发出这样的疑问：我也想助人为乐，也想替人办事，但是能力不足，这不也是失信于人吗？的确，轻易许诺而又无法办到的话，也是失信。那么，退一步海阔天空，这时我们为什么不能退一步呢？

不做承诺，或少做承诺。一旦做了承诺就必须身体力行，有条件的要做，没条件的创造条件也要做，为什么？因为这是你的责任和义务。

可见，只有信守诺言，才能取信于人，这是新时代的男性必须具备的最重要的品质之一，也是成功和获得荣誉的前提条件。至今，荣誉都是西点军校的教育准则之一。

守信是中华民族的优良品德，更是做人的前提，而失信是不道德的行为。守信，会使人对你产生敬意，也会使人愿意公平地与你合作。一个言而无信的人，是没有人愿意和他合作的。男孩们，要想学会与人合作，就要在现在的学习、生活中着手，把自己历练成为一个“言必行，行必果”的人，这样的男孩才能以迷人的性格形成一种人格魅力。

学会付出爱，成全他人和自己

齐国有一对很要好的朋友，一个叫管仲，另外一个叫鲍叔牙。

在一次战斗中，鲍叔牙受了伤，管仲急忙为他包扎伤口。管仲看到流血的伤口，难过地说："你是为了我才受了伤的啊!"鲍叔牙笑了笑，说："没关系！没关系！"

有人问鲍叔牙："对朋友，你可真是做到家了。这样做是为了什么呀？"鲍叔牙说："我不这样做，管仲也会这样做的。我总以为，他比我有本领，有胆量，总有一天，他会干出更大的事业。"

后来，他们在齐国做了官，都是很有才华的政治家。

管仲在鲍叔牙的支持下成功地进行了改革，使齐国成为当时最强大的国家。不久，管仲的官职超过了鲍叔牙。这时，一些大臣议论纷纷，替鲍叔牙抱不平。

鲍叔牙知道自己如果继续做官，可能对管仲不利，于是就毅然决定向齐桓公辞官回乡。齐桓公挽留他，说："你是一位品德高尚的人呀！管仲就是您推荐给我的。现在为了他，你要辞官了。我要管仲，也需要你。请你留下吧。"管仲也劝鲍叔牙："你不要走。别人议论什么，我不在乎。"第二天，鲍叔牙还是悄悄地离去了。

管仲逢人就说："生我的是父母，而真心待我的是鲍叔牙！"

后来，大家在称赞朋友之间有很好的友谊时，就会说他们是"管鲍之交"。

可能现实生活中的人们很难做到像鲍叔牙那样，但如果每个人都能做到不为小利小益争来夺去，我们便能化敌为友，壮大自己的力量，成全别人，也能给自己带来心灵的充盈。因此，男孩，在与他人交往的过程中，你也应该向鲍叔牙学习，主动付出，你也会获得友谊。

青少年阶段是人的人格砥砺和品质形成时期，每一个这个阶段的男孩都要学会付出爱，有时候，你对他人的一次举手之劳，不仅成全了他人，也成全了自己。

严格要求自己

可能不少青少年阶段的男孩都已经深知完成学习目标的重要性，但在实际操作的过程中，总会出现这样那样的因素，使得他们达不成目标。但无论如何，你需要记住的是，严格执行自己的学习目标，才能真正看到良好的学习效果。

事实上，不少男孩之所以学习成绩优异，与其严格地要求自己的学习态度是分不开的。

“我的学习还不错，但是我还想让自己的成绩更上一层楼。我也不知道自己怎么搞的，我每次定的目标都不会实现，比如说，我双休日打算复习什么功课或者做某件事，都不会按我的计划进行。我学习上还有一大阻碍，就是外语，看见那密密麻麻的单词，我就头疼，我怎样才能做好呢？”

这可能是很多青少年的心声，他们也想努力达成学习目标，但似乎总是事与愿违，而没有严格执行学习目标又会让他们产生心理压力，于是，恶性循环下去，他们的目标收效甚微。

那么，到底该怎样做才能努力完成学习任务呢？以下是几点建议：

1.要严格你的作息时间

最好是有人能成为你的时间上的标杆，而他的作息时间是可以作为模范的，这个人一定要是能够严格作息规律的人。如果是在高三阶段，这个人应该不难找。那么，你要跟随这个人的作息时间来安排学习和生活。一个人的乱，第一问题是出在作息不规律上面。

2.要提高你的学习效率

无论你做什么事情，当你决定去做了以后，面对学习任何任务的第一件事：认真地默默告诉自己——这件事我会在多少时间内完成，比如记好一个公式需要几分钟，解完一道题是几分钟，或者完成一项工作要几分钟。要让自己用尽量少的时间来完成一件事情。效率提高了，自然而然你的状态就回来了。

3.要细化你的工作计划

有些男孩给自己定的目标总想着一下子实现，又不可能，于是白白地给自己增加了心理压力。还有的同学目标定得不小，可就是不肯做好眼前的一件一件极小的事，比如，弄懂一道习题，记好一个英语单词，学会一个成语等。这些事情虽小，可大目标正是由它们累积起来的。而小目标又是很容易实现的。所以要学会把大目标分解为若干层次的小目标，这叫作目标分解法。它可以分散人对大目标的注意，而着眼于一个个较容易达到的小目标，从而减轻心理压力，增强信心，实现目标。由于这种分解只是心理上的，所以有的心理学家把这种方法称之为“心理除法”。心理压力没有了，人就可以轻轻松松实现目标了。

的确，计划不能是个目标性的，而应该是任务性的。要细化到每天完成几个具体的小任务，如果是学习那么就是几页书、多少个知识点、几份试卷，如果是工作那么就是几项任务、几个电话、几项记录与反馈等。计划越大，表明你内心越紧张、越忙乱，自然也就越无从下手。计划越细小、越具体，你实现起来也就越容易，你对自己的信心也就越来越大。

4.要巩固你的锻炼习惯

有条件的话，要坚持早晚各进行15分钟的慢跑活动，大概跑3000米，如果没有室内场地可以考虑爬楼梯。你的身体苏醒了，自然你的心理状态也苏醒了，学习其实与心理过程很有关系。

5.多做积极暗示

在心理学上，有个名词叫“心理暗示”。比如，如果你经常暗示自己“我无法达成自己的学习目标”，那么，你就等于给自己贴了一个消极的“标签”，这不断地给自己一种消极暗示：我定了目标也不能实现。于是，你在心里就会放弃努力，那么，你的学习目标也就真的无法达成了。因此，你最好经常给自己积极的暗示：“我一定能完成”，这一积极的自我鼓励，能让你朝着良性的方向努力和发展。

做到以上几点，相信你能有效地提高自己的耐力和意志力，最终实现自己的学习目标。

欣然接受别人对你的批评和指正

生活中，我们每个人，尤其是处于成长期，知识与经验尚浅的男孩，更有可能会出现行为和言语上的不当之处，此时，可能会被他人批评和指正，此时，你是怎么做的呢？

一代明君唐太宗李世明说过：“以铜为镜，可以正衣冠；以古为镜，可以知兴替；以人为镜，可以明得失。”贞观之治乃至大唐盛世的出现，可以说是由于太宗听得进去宰相魏徵的逆耳忠言。但同时，中国历史上，能虚心接受批评的帝王并不多，正因为如此，他们常亲小人远贤臣，最终被小人推进火坑，落得凄惨悲凉的下场。可见，“批评是一门艺术，然而接受批评更是一种气魄”这句话的正确性。

处于成长期的男孩，更要明白一个道理，虚心接受别人的批评和建议，不仅能帮助你不断完善自己，少走很多弯路，还能让你在沟通中畅通无阻。

可能你在生活中也曾遇到一些批评你的人，你也会产生这样的想法：他怎么老是看我不顺眼？这个人真是讨厌，处处跟我作对，你甚至会对其恨之入骨。而实际上，你细想过没，其实，你的确存在很多需要改进的地方，比如，你的学习方法是不是真的有问题？你待人处事的态度是不是需要改进？

其实，你可能没有意识到的是，你之所以听不进去他人意见，是因为你有一个弱点，你认为一旦接受了别人的批评就等于服从他人，就没了面子，而实际上，欣然地接受别人的批评，不仅能帮助我们成长、弥补自身不足，更能树立我们在他人心中谦逊的形象，从而拉近人际关系。

比如，被老师批评了，你首先必须要有一个良好的认错态度，并能认识到自己的过错，并在此基础上，你要虚心接受老师的指导。欣然接受老师的指教，不仅能帮助你改正学习上的一些不足，还能获得老师的好感，这对于师生关系的改善非常有帮助。

可见，如果你能听进去别人的批评，然后能从自身找问题，发现了自己的不足之处，积极地虚心接受和改正，并不断地完善自己，这将会是你一生中宝贵的财富，其价值远远超过了对方批评你时直接的说话方式，或者说伤害到你的感受或自尊的程度。

总之，对于成长期的你来说，你需要认识到的是，在你的成长过程中，有人批评甚至咒骂并非坏事，有人这样对你，至少说明你是个有价值的人。

所以，当别人批评你时，你千万不要为此不悦，反而你应该欣然接受，他无偿地告诉了你现在正处于什么样的位置，你应该怎么做才能更好。很多人都不愿意接受别人的批评，或者不敢面对别人的批评。其实，有了这些批评，你的进步会更快，你更能认识、了解自己。对于这样的一个收获，你应该向批评我们的人表示感谢！从这个角度想，你会意识到是他让你从迷茫中醒悟，然后你便可以重新认识自我、审视自我。那么对方也会对你刮目相看，你的人际关系也会其乐融融！

每一件小事都坚持用心做好

有人说，一个人做一件惊天动地的好事情并不难，难的是一辈子都坚持做好点点滴滴的小事情，坚持帮助他人，乐于贡献。由此可见，坚持是一件难度很大的事情，和一次性的付出相比，坚持更需要付出恒心、耐力和毅力。否则，做一件事情总是轻而易举放弃，则永远也不可能获得成功。

很多人对于那些不值一提的小事情总是不以为然，觉得做那些事情并不需要付出太多的努力和坚持，也不需要付出太多的时间和精力。的确，也许做一件小事很容易，但是在漫长的时间里坚持做好每一件小事情，就会很难。尤其是需要在漫长的人生中一如既往，就会更加考验人的意志力。

苏格拉底是古希腊大名鼎鼎的哲学家，为此有很多人都拜苏格拉底为师，学习哲学。有一天，苏格拉底对学生们说："今天，大家要做一件事情，很简单，那就是把胳膊往前甩，再往后甩，每次往前再往后是一组动作，做一百组。"学生们窃窃私语："这也太简单了，小孩子都会做，没有任何难度。"在学生们兴高采烈做完动作之后，苏格拉底说："这的确很简单，不过你们从现在开始要每天坚持。"学生们都觉得哪怕每天挤出几分钟的时间来，也能完成任务，为此马上答应了苏格拉底。然而，一个月之后，苏格拉底问还有多少学生坚持做动作，只有十几个同学举起手。等到半年之后，只有几个同学举起手。一年之后，全班几十个同学中，只有柏拉图一个人还在坚持做。最终，在众多的学生中，柏拉图脱颖而出，也成为了伟大的哲学家。

从这个故事可以看出，即使再简单的事情，如果必须坚持去做，也是很难的。就像苏格拉底让学生们做甩手的动作，乍看起来很简单，只需要花费几分钟的时间，但是在日久天长之下，能够坚持的人却很少。

再长的路，也要用脚一步一步去丈量；再高的山峰，也要靠着努力攀登才能不断向上。男孩正处于成长的关键时期，一定会遇到各种困难，越是在艰难的时刻越是要不放松，努力向上向前，才能最终熬过去，让人生进入柳暗花明又一村的豁达和惊喜之中。很多事情，愿意做是一回事情，能够坚持做又是另外一回事情。即便做好一件小事只需要付出很少的时间和精力，我们也要督促自己坚持下去，否则就连小事情都做不好，坚持不下去，还如何能够把重要的事情做好呢？古今中外，无数成功者都有自己的成功经验可以传授，虽然他们成功的原因各不相同，但是他们都有一个共同点，那就是能够坚持。所谓成功，就是坚持到最后一刻，所谓成功，就是不离不弃，也绝不撒手。男孩们，当你们有这样的勇气和顽强的毅力，你们就会距离成功越来越近，也会在人生中有更好的表现。

第三章

让男孩终身受益的10个好习惯

花钱节制，养成节俭的习惯

自古以来，节俭都是传统美德，但现代社会，不得不说，很多男孩不懂得节俭，乱花钱、随意浪费的现象相当严重。很多拿着压岁钱的中小学生请客、送礼、聚会、K歌……表现出来的那种比阔气的“成熟”让人瞠目结舌，可谓“腐败成风”。现在的孩子不会挣钱，却越来越会花钱，而且丝毫不体谅家长的辛苦，这种现象不能不引起整个社会的深思。

这些现象出现的原因，一方面是由于家长疼爱孩子，认为他是家庭的“独苗”，不能苦了孩子；另一方面则是家长自身不当的消费习惯，他们也攀比、从众、追时髦、喜新厌旧，这无形中也给了孩子一定的影响；再者，社会上，很多广告的刺激作用也难辞其咎。

人们的消费可以分为生存性消费、发展性消费、享乐性消费三种。生存性消费、享乐性消费不难理解，发展性消费是指为了人的身心健康发展、科学文化素质提高、事业发达所进行的消费。

作为成长中的男孩，自身要及时认知到乱花钱、没有正确的消费观和金钱观给自身成长带来的危害，然后积极培养好的消费观。

以下三条原则可以进行参考：

（1）高效益地使用金钱，合理消费，用所当用。

（2）有利于孩子的发展，有利于形成良好的品质、身体、心理、文化素质等。

（3）杜绝奢侈浪费、享乐主义。

另外，男孩们在形成良性消费习惯的过程中，需要注意几点：

1.正确认识钱的意义

男孩要认识到钱是什么，钱是怎么来的，怎样正确地对待钱财，日常生活中，你可以多引用一些勤俭节约的事例，尽量从小逐渐形成节约用钱的习惯。

2.学会花钱

这不但能杜绝乱花钱，更能学会如何理财。人们的消费行为是由被动逐渐走向主动的。男孩可以从生活中学会如何买东西，比如买必要的东西、选择物有所值的商品。当男孩逐渐步入成年的时候，你就能学会先认真思考再花钱，并逐渐养成习惯，避免盲目消费。

3.学会积累和储蓄

男孩手里的零用钱、压岁钱按照计划使用，适当积累。必需的东西选择买，可买可不买的选择不买，把钱存起来，你可以体会到积累的快乐，从而逐渐形成节俭的习惯和品质。

4.量入为出

花钱的前提是有经济来源。每个家庭的经济情况不同，每个人花钱时都要衡量自己的支付能力。即便家里很有钱，也不能随便乱花。

5.珍惜物品，不浪费

男孩要认识到，每天所吃、所穿、所用的东西来之不易，都是用汗水和心血创造出来的，随意浪费是不珍惜劳动果实、不尊重劳动的表现。

新的时代里建立新的消费观念无可厚非，但应具科学性。每个男孩都要从小培养节约的品质和习惯，锻炼自身的意志。经历点苦难的洗礼，男孩才会更加珍爱生活，珍惜生命，才能成人、成才！

提升财商，养成储蓄的习惯

生活中，很多男孩被父母教育：“努力学习，找好工作”，的确，学习是学生的天职，但男孩们今天需要的是更为复杂的教育，而现在的教育体系并不足以供应这些。很多人发现，学校教育几乎不涉及孩子的启蒙理财能力，但其实，这一点对成长中的男孩来说极为重要，男孩从小学习理财尤其是储蓄的能力，熟悉掌握基本的金融知识与工具。从短期效果看是养成不乱花钱的习惯，从长远来看，将有利于男孩及早具备独立的生活能力，从而在高度发达、快速发展的时代中，具有可靠的立身之本。

我们经常听到一些家长抱怨：“我家的孩子花钱总是大手大脚，每个月的零用钱不断上涨”“我家的孩子花钱一点都没有计划，总买一些没用的东西”……其实，孩子这种乱花钱的习惯与家长的教育有着直接的关系。有以下这些现象：

现象一：朗朗今年上小学四年级了，他动不动就向别的同学借钱，还在学校门口的小卖部里赊账消费。到了实在赊不到的时候，他就回家以各种理由找妈妈要钱还账。当妈妈问起朗朗的老师为什么学校总是乱收一些费用时，爸爸说：“才几个小钱，孩子要就给他呗。”他们哪里知道那些所谓的学校收取的费用，都被儿子拿去胡乱消费了。

现象二：一位10岁的男孩拉着父母走进一家服装专卖店，看到一身高档运动衣便让父母给他买。当母亲说他穿的运动衣几乎还是全新的时候，他却说那身运动衣再穿就会落伍。这时，站在旁边的父亲一边掏银行卡一边说：“讲节俭的年代已经过去了，他想要就给他买吧。”

的确，随着生活水平的提高，很多家庭逐渐富裕了，孩子是家庭富裕的“直接得益者”，家长对孩子提出的要求也是尽量满足。可是，事实上，这种给孩子大把的钱花的教育方式是有百害而无一利的。罗伯特·清崎曾表述过这样一个观点："如果你不教孩子金钱的知识，将会有其他人取代你。如果要让银行、债主、警方，甚至骗子来进行这项教育，这恐怕不会是项愉快的经验。"因此，家长们不要把给孩子零用钱当例行公事，教导孩子们如何管理手上金钱，并赋予他们理财的责任才是重点。

对于男孩子自身来说，储蓄是理财的基本，若男孩能建立良好的储蓄习惯，意味着理财观念已开始萌芽。

男孩储蓄，不妨从买个储蓄罐开始。每次过年，压岁钱都会把男孩的腰包装得鼓鼓的，这些钱加起来是一笔不小的财富。另外，你可以让父母帮助你建立银行账户。

孩子毕竟是孩子，对于金钱还没有完全的掌控能力，因此，最好在父母的协助下管理自己的账户。

男孩自己持有附卡并设置自己的密码，家长持有主卡来遥控附卡，家长通过主卡可以对孩子的日常花费有所了解。平时在父母给予的上限金额内，你可以自由支配银行卡中的金额。外出上学，可以让父母同银行约定，每月按时由主卡向附卡中转账，这样能让父母了解自己的消费状况，帮助自己管控消费。

另外，通过对理财账户的使用，男孩可以非常全面地了解一些储蓄常识，并在潜移默化间培养正确的理财观念。

总之，金钱观是价值观中重要的一部分，正确的金钱观更是良好品质的重要内容。培养储蓄的兴趣，还有利于培养男孩的理财能力，现代社会，理财能力的高低，已逐渐成为判定一个人能力大小的重要方面，因此，每个男孩都要从小养成储蓄的习惯，这是培养各方面能力的良好开端！

做有心人，养成观察的习惯

毫无疑问，观察力是人一生中很重要的能力。对于某些人来说，他们可能长着一双美丽的大眼睛，但美丽纷繁的世界却并没有留在他的脑海中。这是因为他们的观察力不强。

一个人的观察力如何，直接关系到他的一生。因为观察力是我们获取信息和资料的重要途径。不会观察者，不可能拥有杰出的智慧，也不可能成就非凡的事业。每一个学习阶段的男孩，要想让自己的思维更敏捷，要想提高自己的学习效率，要想探索科学的奥秘，就得仔细观察。这就需要你学做生活的有心人，在生活中有意识地提高自己的观察力。

然而，观察力的训练并不是毫无章法的，为此，你可以从如下几个方面入手。

1.明确观察目的，提高观察责任心

生活中，人们做任何事、说任何话都是有目的的。在观察的过程中，你也只有带着目的进行观察，才能提高责任心，才会对自己的观察力提出较高的要求，从而提高观察力。

明确观察目的，包含两层意思：

第一层是认识到观察力的重要性，认清观察对自身职能发展的好处；第二层是在观察事物前，都要有明确的目的，即观察什么，为什么观察。

比如，在家中，你可以找出一件工艺品，观察其颜色、形状、大小、用途、特点等，在观察的过程中，你还可以边观察边用语言描述。

2.明确观察对象，制订观察计划

这样就可以将观察力指向与集中到要观察的对象上，并按部就班，从容观察，从而有助于提高观察力。

比如，你可以学习种一盆花，然后每天观察其变化，还可以写观察日记。这样的观察活动，既有兴趣，又有丰富的内容，效果很好。

另外，你可以学习煮饭，比如，多少米，怎么淘，放多少水，大火烧多长时间，小火焖多长时间。先是观察父母怎样做，然后自己一边模仿着做。学会了做饭，也提高了观察力。

3. 观察时要全神贯注，聚精会神

注意性是观察力的重要品格之一。只有提高注意性，对观察对象全神贯注，才能做到观察全面具体，才能收集到对象活动的细节。

4.培养浓厚的兴趣和好奇心

兴趣和好奇心是提高观察力的重要条件。一个人具有好奇心，对其观察的对象有浓厚的兴趣，他就会坚持长期持久的观察而不感到厌倦，从而提高观察力。

5.要有丰富的知识和经验储备

只有这样才能在观察中善于捕捉机遇。科学家巴斯德说过，“在观察的领域里，机遇只偏爱那种有准备的头脑”。

6.掌握良好的观察方法

如要坚持观察的客观性，要注意被观察对象的典型性等。不懂得观察的方法，这样的观察是不会发现什么的，对学习和工作也不会带来益处；相反，却会浪费时间，影响学习、工作的效率。因此观察事物必须掌握良好的方法。

常用的观察方法有：全面观察和重点观察；在自然状态下观察和在实验中观察；长期观察、短期观察、定期观察；正面观察和侧面观察；直接观察和间接观察；解剖（或分解）观察，比较观察；有记录观察和无记录观察；等等。观察不同的对象，出于不同的目的，应事先考虑用什么样的观察方法。有时候，需要几种方法配合使用。

总之，观察事物是为了认识事物，感知是认识的第一步。

观察力的提高也是需要一个循序渐进的过程，在生活中留意一事一物，能帮你提高观察能力。

克服懒惰，养成勤奋的习惯

我们都明白一个道理，每一分的进步都不会从天而降，每一阶段的小胜也都不是靠运气就可以获得，化梦想为现实的道路，是一个人勤勤恳恳、一手一脚闯荡的过程。具备成功者的素质才会使你胸有成竹，而任何投机取巧只会让你心虚。因此，每一个处于知识积累阶段的男孩都应该认识到勤勉的重要性，可能你会有疑问：我现在已经上初高中了，曾经没有努力学习，荒废了很多时间，现在努力会不会已经晚了？当然不，但你首先要做的就是收拾自己的心情，然后梳理好自己的思绪，从现在开始，为成功奋斗，“不叫一日闲过”！

著名画家齐白石年逾90，每天仍作画5幅。他说：“不叫一日闲过。”他把这句话写出来，挂在墙上以自勉。一次，他过生日。由于他是一代宗师，学生朋友很多，从早到晚，客人络绎不绝。白石老人笑吟吟地送往迎来，等到送走最后一批客人，已是深夜了。年老的人，精力是差了，他便睡了。第二天他一早爬起来，顾不上吃早饭就走进画室，摊纸挥毫，一张又一张地画着。他家里人劝他：“你吃饭呀。”“别急。”画完5张后，才用饭，饭后他继续作画。家里人怕他累坏了，说：“您不是已画了5张吗？怎么还要画呢？”“昨日生日，客人多，没作画。”齐白石解释，“今天多画几张，以补昨日的‘闲过’呀。”说完，他又认真地画起来了。

齐白石已为画坛成功者，年迈之时仍不忘勤奋，这不正是告诉我们：奋斗不分年龄，只要你把握现在吗？

爱默生告诫我们：“人总归是要长大的。天地如此广阔，世界如此美好，等待你们的不仅是一对幻想的翅膀，更是一双踏踏实实的脚！”伟大的成功和辛勤的劳动是成正比的，有一分劳动就有一分收获，日积月累，奇迹就可以创造出来。这是绝对的真理。只有勤奋才是最高尚的，才能给人带来真正的幸福和乐趣。男孩，从现在起努力吧。如果你能做到勤奋学习、勤奋做事，你必当会有所收获。

坚持读书，养成每天阅读的习惯

培根说：“书籍是在时代的波涛中航行的思想之船，它小心翼翼地把珍贵的货物运送给一代又一代。”歌德说：“读一本好书，就是和许多高尚的人谈话。”书籍是人类进步的阶梯，是智慧的源泉，而对于一个男孩来说，读书是开阔眼界的根本方法。经常出入图书馆、进入浩瀚的书海，男孩会变得越来越自信，变得越来越有气质。因为阅读对人的精神世界有润养作用，因此，每个男孩要养成坚持阅读的习惯。

但实际上，出于很多原因，很多男孩小时候对书籍的好奇以及兴趣经常被以父母为中心的家庭教育扼杀了，有些家长认为“成绩才是王道”“应该把精力放在学习上，阅读太多影响学习”，另外，繁重的学习压力也让很多男孩无暇顾及课外阅读。而实际上，作为男孩，自身要明白，阅读也是学习的一部分，你不仅会因此开阔眼界，还能在书中培养自己宽广的胸怀。

那么，男孩该如何在生活中培养爱读书的习惯、又该如何从书中获得知识呢？这需要你做到：

1.去伪存真，学会挑选健康、积极、有益于自己身心发展的书刊

我们不得不承认，现在市场上充斥着各种书刊，并不是什么书目都是适合青少年阅读的，真正有品位，适合鉴赏的寥寥无几。

约翰逊医生说："一个人的后半生取决于他读到的第一本书的记忆。"因此，男孩，你需要记住，如果一本书不值得去阅读，就不要过于强调阅读的数量，甚至可以不去阅读，那样只会让自己装了一肚子的书，却解决不了生活中的一个小问题。对此，你可以询问父母，让父母引导自己找出喜欢并优秀的文学作品，而不要浪费时间阅读垃圾文字。

2.注意培养自己的阅读方法

要学会带着感情阅读，这有利于培养自己表达能力以及想象力。另外，你还可以写一些读书笔记，写出自己的感受。另外，睡前阅读是最佳阅读时机，浅睡眠时期最容易进行无意识的记忆，因此睡前的阅读一定要把握。

3. 将书本上的知识与生活认知结合起来

比如，在周末你读完一本海洋动物的书桌，就可以去海洋馆看看海豚、海豹到底是什么样子；看过植物书后，就可以去野外认识各种可爱的植物。这样就可以使阅读变得很有趣，你的读书兴趣就会逐渐建立起来。

书中自是知识的海洋。其实，爱上阅读并不是什么难事，关键是你要学会读什么书，怎么读书，慢慢养成良好的读书习惯，你就会爱上读书。

4.每天最少阅读十分钟

任何习惯的养成最少需要21天，阅读习惯也是如此，一开始，你可以在父母监督下阅读，当你养成习惯后，就会把阅读当成每天的精神食粮了。

规律作息，养成早睡早起的习惯

俗话说“身体是革命的本钱”，任何一个学习期的男孩，都希望自己成绩优异、出类拔萃，但即使如此，也不可给自己过大的压力，只有劳逸结合，才是高效学习的前提，而这就需要男孩制订作息时间表，养成早睡早起的好习惯。

睡觉是最常见的休息方式之一，也对恢复人体能力有着巨大的作用，第一是消除体力疲劳，第二是消除精神疲劳。另有一种观点认为，睡眠的主要功能是恢复大脑的疲劳。实际上，任何人的一生中，大概三分之一的时间是用于睡觉的。刚出生的婴儿，每天睡眠时间最少20个小时，即使成人后，每天也要保证睡6～7小时的睡眠。对于处于身体发育阶段的男孩们来说，保证充足的睡眠也是必需的。

当今社会已经不是一个“头悬梁锥刺股”即能成功的社会，学习上也是。时间加汗水，加班加点，牺牲休息时间，完全不顾自己的身体。这种做法有损身体健康，又没有效率，往往事与愿违。

那么，男孩们如何规律作息呢？

1.每天保证8小时睡眠

每个男孩要保证晚上不要熬夜，定时就寝。中午坚持午睡，充足的睡眠、饱满的精神是提高效率的基本要求。

2.用饮食来协助调整

饮食也会影响睡眠，如果晚餐吃得过饱或摄取热量过高的食物，可能会出现肠胃不适，或者精力过于充沛，都会导致睡眠质量不好，如此的恶性循环，对身体的健康十分不利。因此，我们都要注重早餐吃饱、午餐吃好、晚餐吃少的原则。

3.睡好午觉

我们不要忽视午觉的作用。在午餐和晚餐中间，一般人都会觉得头昏脑涨，思路缓慢，好像也不太能集中精神，这是人正常的生理反应。越来越多的证据显示，在经过半天的活动之后，有一股力量会驱策我们休息一下，同样，对于学习阶段的男孩来说，更应重视午觉的作用，过度的用脑会对大脑发育有不利影响，也不利于下午的学习。

4.制定生活作息规矩

制定一个生活作息制度，每天什么时间干什么，如果没有特殊情况不要变动。

并且，要持之以恒。每天都坚持早睡早起。不能一到周末就玩至深夜，周日早上赖在床上不起来，这样很难使自己养成良好的睡眠习惯。相信时间长了，你就会养成遵守作息制度的好习惯的。

戒除拖延，养成立即行动的习惯

我们都知道，成功人士的优秀品质有很多，而做事绝不拖延肯定是其最重要的品质之一。对于男孩来说，青春期阶段正是形成良好品质和能力的重要时段，你要想在日后有所作为，也必须从现在开始就养成立即执行的习惯。

男孩，你不妨想象一下，在考场上，面对题目繁杂的试卷，你能够拖延吗？时间就是分数！你的拖延很可能使自己无法按时答完试卷。慌忙之中，你乱了阵脚，看错题，来不及做题，思路混乱，不能发挥自己的正常水平。由此可见，拖延的毛病是绝对要不得的！

那么，该怎样克服拖延的坏习惯呢？以下几点可供我们参考：

1.承认自己有拖延的习惯

只有正视自己的错误才能改正错误，而想要改变拖延的习惯，也需要先承认自己的拖延，有意愿克服才能成功解决问题。

2.找到拖延的原因

很多男孩迟迟不敢动手，是因为害怕失败，如果是这一原因，那么，你就应强迫自己做，假想我这事就非做不可，这样你终会惊讶事情竟然做好了。

3.严格地要求自己，磨炼你的毅力

爱拖延的人多半都是意志薄弱的，当然，磨炼自己的意志并非一朝一夕就能做到的，需要你从小事、简单的事做起，并坚持下来。具体来说，你可以做好计划，要求自己严格地按计划办事。

4.别总为自己找借口

例如“时间还早”“现在做已经太迟了”“准备工作还没有做好”“这件事做完了又会给我其他的事”等，不一而足，都是拖延的借口。

5.坚持到最后，找到成就感

这样很容易让人对事情产生厌烦感。应该做到告一段落再停下来，会给你带来一定的成就感，促使你对事情感兴趣。

谦和低调，养成不耻下问的习惯

中国人素来以谦卑闻名。谦卑是一种智慧，是为人处世的黄金法则，更是巧妙攻克他人内心的语言策略，与人沟通的过程中，那些懂得请教他人、说话虚怀若谷的人，必将得到人们的尊重，必将被人们认同和喜爱，受到世人的敬仰。

春秋时代，孔子被人们尊为“圣人”，他有弟子三千，大家都向他请教学问。他的《论语》是千百年来的传世之作。

孔子学问渊博，可是仍虚心向别人求教。有一次，他到太庙去祭祖。他一进太庙，就觉得新奇，向别人问这问那。有人笑道：“孔子学问出众，为什么还要问？”孔子听了说：“每事必问，有什么不好？”他的弟子问他：“孔圉死后，为什么叫他孔文子？”孔子道：“聪明好学，不耻下问，才配叫‘文’。”弟子们想：“老师常向别人求教，也并不以为耻辱呀！”

这就是孔子“不耻下问”的故事。一个学问渊博如此的人都谦逊于人，那么你们呢？

与人沟通中，要想表达你虚怀若谷的态度，需要做到：

1.多审视别人的长处和自己的短处

因为具有骄矜之气的人，大多自以为能力很强，很了不起，做事比别人强，看不起别人。由于骄傲，他们往往听不进去别人的意见；由于自大，则做事专横，轻视有才能的人，看不到别人的长处。因此，待人处事，要多审视自己的短处，看到别人的长处，才能逐渐变得谦卑。

2.受他人指教时多倾听

老师、长辈向我们传达经验的时候，我们尽量不要打断对方说话，大脑思维紧紧跟着他的诉说走，要用脑而不是用耳听。

3.主动向他人请教

你的人生才刚刚开始，需要你学习的东西实在太多，切不可恃才傲物。无论是学习上的问题还是生活琐事，你都应该虚心地向他人请教，你请教的对象可以是老师、家长、同学，甚至可以是陌生的路人。

4.认真听取别人的意见

如果有人当面向你提意见，那么，你千万不要不耐烦，也不要随便打断对方的谈话。无论对方的观点是对是错，你都不要贸然地反对或者批评对方：“你这是废话”“错了”。即使你有这样的念头，你也不要表达出来，以免刺激对方，使他们心灰意冷，甚至真的对你转变为敌对立场。

5.谦卑不是客套

无论是语言还是行为，只有发自内心，才能真正打动人。然而，我们发现，生活中，就是有这样一些人，无论与谁交流，都把“请”“对不起”挂在嘴边，给人的感觉是过分客套，搞得别人难为情，这就很难说是真诚。这里缺少点什么呢？就是坦诚和直率！人们喜欢与谦逊的人交往，但却不喜欢过分客套，直抒胸臆、坦诚待人更能吸引他人。

当然，做人要谦和，并不是要你事事都听从他人，过分顺从就是奴性。人与人之间的关系只有做到平等，才能彼此尊重，互相景仰，才能互换爱心。

锻炼身体素质，养成运动的习惯

我们都知道，生命在于运动，美国运动医学院的研究告诉我们，正确的运动方式能帮助人们获得健康的机体和苗条的身材。不过，现实生活中，不少男孩的家长认为男孩只要认真学习就可以而忽视了对男孩身体素质的历练，这导致了不少男孩抵抗力差、免疫力不足等。而实际上，体育锻炼对于改善神经系统的调节机能，对于学生们学习能力的提高起着积极作用。比如学习累了，到户外活动一会再回来学习，学习效率肯定会提高。这也是我们安排课间十分钟的原因。

那么，体育锻炼为啥能起到锻炼人的身体的作用呢？其实这主要是通过神经系统的影响实现的，那些经常参加体育锻炼的人，无论是大脑皮层的神经细胞的兴奋性、灵活性，还是耐久力方面都会高于那些不经常进行体育运动的人。因此，从男孩自身来说，要经常进行体育运动，并形成习惯，久而久之，不但能消除疲劳，还能减少或避免各种疾病。

那么，具体来说，我们该如何引导呢？

1.不断学习，了解各种运动的好处

在平时的生活中，你可以多了解一些运动的好处，激发对运动的兴趣。

体育运动项目丰富多彩，各种活动对身体的影响也不尽相同，比如，足球这项运动讲究的是团体合作，如果你缺乏这种意识，可以尽量朝这方面发展，这样不仅锻炼了身体，也完善了性情。

2.选择合适自己的运动方式

也许你会产生疑问，中学生可以参与哪些运动呢？

运动分成有氧运动和无氧运动两种，无氧运动一般都是短时间高强度的，对人的意义不大，弄不好还容易伤到自己。最好还是有氧运动，它对人不但有锻炼身体的效果，而且还能调节情绪。

常见的有氧运动项目有：步行、快走、慢跑、滑冰、游泳、骑自行车、打太极拳、跳健身舞、跳绳、做韵律操等。有氧运动的特点是强度低、有节奏、不中断和持续时间长。同举重、赛跑、跳高、跳远、投掷等具有爆发性的非有氧运动相比较，有氧运动是一种恒常运动，是持续5分钟以上还有余力的运动。当然，无论做什么运动，你都要做到坚持，而不能三分钟热度。长时间坚持下来，你会发现，自己不仅拥有了一个健康的体魄，还能经常释放心理压力，重新获得学习的能量。

3.充分利用社区的体育器械

一般来说，每个小区都配备了一套基本的锻炼身体的体育器材，你可以在学习之余锻炼身体，这是最便捷的运动方式。

4.周末多安排运动来休闲

双休日时，不要把大把的时间放在睡懒觉、逛街、看电视上，应该有计划地进行爬山、郊游等活动，你可以主动邀请父母一起参加，这样，不仅增加了阅历，还锻炼了身体。

5.参加一些体育项目培训班

如果你对某些体育项目感兴趣，比如男孩子受武打片的影响可能喜欢武术、跆拳道，受体育比赛的影响，喜欢游泳、射击等活动；此时，你可以努力发展这些爱好、参加培训班，在兴趣中达到强身增智的效果。

当然，你需要注意的是，运动不能超越身体极限，在你进行剧烈运动之前，要了解自身体能，做运动的时候把握住度，不能超越身体的极限，以免发生危险。

学习礼仪知识，养成礼貌的习惯

相信生活中的男孩都知道，文明礼貌是中华民族的优秀传统，是人们在日常人际交往中应当共同遵守的道德准则。与人的互相交往中，和悦的语气、亲切的称呼、诚挚的态度等，都会使你显得更加友好、尊重别人，俗话说："良言一句三冬暖，恶语伤人六月寒。"因此，文明的谈吐和行为是我们具有良好修养的表现，讲文明礼貌能促进和别人之间的团结友爱，是沟通与他人之间情感的道德桥梁。

礼貌待人的好习惯，需要男孩从小开始培养——不要出言不逊、恶语伤人，失礼不道歉，无理凶三分，更不能骑车撞倒人后扬长而去，乘车争先恐后，在公共汽车上见老人或抱小孩的妇女不让座……防微杜渐是防止出现不文明行为的最佳方法。

而除此以外，我们在日常生活中，尤其在语言习惯上，男孩要学会掌握一些礼貌用语，而礼貌用语要文明雅致、措辞恳切、热情真挚、口气和蔼、面带微笑，主要有以下几个方面：

1.学习一些初步的礼仪知识

你应该学习一些礼仪知识，包括见面或分手时打招呼、握手，与人交谈时眼神、体态和表情要体现出对对方的尊重。

2.掌握一些礼貌用语

（1）欢迎语是接待来访客人时必不可少的礼貌语。例如“欢迎您”“欢迎各位光临”“见到您很高兴”等。

（2）征询语是指在交往中，尤其是在接待的过程中，应经常地、恰当地使用诸如“我能为您做什么？”“请问，您找谁？”“请问您需要什么帮忙吗？”等征询性的语言，这样会使他人或被接待者感觉受到尊重。

（3）请托语，顾名思义，就是我们向他人提出某种请求或者希望获得他人帮助时使用的语言。我们一定要“请”字当先，而且态度语气要诚恳，不要低声下气，更不要趾高气扬。常用的请托语有“劳驾”“借光”“有劳您”“让您费心了”等。

（4）赞美语是指向他人表示称赞时使用的用语。常用的赞美语有“很好”“不错”“太棒了”“真了不起”“真漂亮”等。在交往中，我们要细心观察，善于发现他人的优点和长处，并加以赞美，这样做的好处是，不仅能拉近彼此间的距离，还能体现我们的友好，有利于获得他人的好感。

当然，面对他人的赞美，也应做出积极、恰当的反应。例如，“谢谢您的鼓励”“多亏了你”“您过奖了”“你也不错嘛”等。

（5）在日常交往中，人们有时难免会因为某种原因影响或打扰了别人，尤其当自己失礼、失约、失陪、失手时，都应及时、主动、真心地向对方表示歉意。常用的致歉语有“对不起”“请原谅”“很抱歉”“失礼了”“不好意思，让您久等了”等。当你不好意思当面致歉时，还可以通过电话、手机短信等其他方式来表达歉意。

（6）拒绝语是指当我们在面对别人请求，但不得不拒绝时，采用婉转的词语加以暗示，使对方意会的语言。在人际交往中，当对方提出问题或要求，不好向对方回答“行”或“不行”时，可以用一些推脱的语言来拒绝。例如：当别人求助我们做一件事，而我们能力有限，无法办到时，你就可以这样拒绝：“很抱歉，我很想帮你，但是……”

（7）告别语可能显得有点客套，但却不失礼仪。与人告别时神情应友善温和，语言要有分寸，具有委婉谦恭的特点。例如：“再次感谢您的光临，欢迎您再来！”“非常高兴认识你，希望以后多联系。”“十分感谢，咱们后会有期。”等。

俗话说，“一句话能把人说跳，一句话也能把人说笑”。男孩要知道，学点礼仪知识，学会得体地说“礼貌话”，是帮助你接通情感的热线、交际畅通无阻的重要前提。

第四章

让男孩拥有自我保护意识的10件事

提高自我保护意识

身心尚未成熟、社会经验不足的男孩，在面对意外伤害、自然灾害和侵害行为时，往往因处于被动地位而受到侵害。为此，男孩有必要在平时的生活中就养成自我保护的习惯。这样，面对一些突发的事故和侵害，男孩才会积极争取社会、学校和家庭等方面的保护；当这些保护不能及时到位的时候，男孩也会尽自己所能，用智慧和法律保护自己的合法权益。

其实，男孩的自我防护意识本身就很薄弱，在遇到一些紧急情况时往往手忙脚乱，不知所措。提高自我保护意识，杜绝发生不应有的安全事件，男孩才能健康快乐地成长。

那么，男孩如何提高自我保护意识呢?

1.尽量避免去下列这些地方

（1）住人较少的学生宿舍。

（2）狭窄幽静，灯光昏暗的胡同和地下通道。

（3）无人管理的公共厕所，高楼内的电梯，无人使用的空屋。

（4）夜晚的电影院、歌厅、舞厅、游戏厅、台球厅等。

（5）陌生的车辆。

2.怎样摆脱坏人跟踪

男孩，当一个人走在回家的路上，发现有人总跟在后边，而当你注意他时，他却不自然地躲开；你走他也走，你停他也停，这表明你被坏人跟踪了。面对这种情况，父母要告诉孩子这样做：

（1）不能惊慌失措，要镇静。

（2）迅速观察环境，看清道路情况，哪儿畅通，哪儿不通；哪儿人多，哪儿人少。

（3）立即甩开坏人。方法就是跑开。向附近的单位跑，向有行人、有人群的地方跑。如果是夜晚，哪处灯光明亮，就往哪跑。如果附近有居民家，往居民家里跑求救也可以。

（4）可以正面相视，厉声喝问："你要干什么？"用自己的正气把对方吓倒、吓跑；如果对方不逃，可大声呼喊，引来行人。如果坏人不跑，那么你就要立即作出反应，自己跑开。

（5）如果被坏人动手缠住，除了高声喊，要奋起反抗击打其要害部位，或抓打面部；你身上或身边有什么东西可用，你就用什么东西，制止坏人接触自己身体、侵害自己。平时，有这样几方面要加以注意。①放学回家出外活动时，尽最大可能创造条件结伴而行，减少单人行走机会。②不在行人稀少或照明差的地方走、游玩。如果时间晚了，要想办法通知家人去接你。③尽可能不向外人宣传自己家庭情况，以防坏人听到后，了解了你的行动规律。 ④切记不可冒险，不可存有侥幸心理。不要老用"没事儿"来安慰自己。

3.关于自身财务方面的保护

一些男孩粗心大意，再加上遇到危险时的胆小懦弱，很容易发生财物被盗窃甚至抢劫的现象。为此，男孩要了解一些可能被盗窃或者抢劫财产的情况，让孩子有意识地保护自己的财产。

男孩保护自身免遭残害最直接、最有效的方法就是养成保护自己的习惯。许多男孩身心的伤害，绝大多数是孩子丧失警惕和自护能力而发生的。保护自己免受伤害，是每个男孩从小必须学习的知识，让男孩在生活中有意识地保护自己，这样，男孩生活的安全系数就高多了。

男孩，一定不能偷尝“禁果”

青春期，男孩和女孩有时候把事情想得过于简单，他们在身心均未发育成熟的情况下，非常草率地有了婚前性行为，有的甚至怀孕，这必然要种下苦果。

强强是一名初二年级十班的学生，当别人在忙碌地准备最近的期末考试的时候，他却只能暗自痛苦。不是因为考试，而是因为有难以启齿的痛。

前些日子，他和同年级的女生小云谈起了恋爱，冲动之下，两人偷尝了禁果，自那之后，他的人生好像就彻底改变了，后来，他便养成了手淫的习惯。

刚开始的时候，强强只是因为不开心才会，到后来，发展到每天都控制不住自己。本来强强的成绩在班级前十名，可那之后，却一天一天地下降。

因为强强每天打不起精神，记忆力开始下降，思维似乎也变得迟钝了，做什么事情都没有信心。变得特别自卑，在别人面前总觉得低人一等，强强觉得这样的心理严重地影响了自己的学习，他的心根本就静不下来，现在，他的成绩排在全班最后几名了。

在学校里这种事情并不是没有发生过，相信偷尝禁果的危害大家都有所了解。过早的性行为不仅对一个人的前程有着不可磨灭的影响，更会对一个人的身心健康造成极大的危害。是否能掌握好对待异性的尺度，是最能考验一个人的意志品质的，大多数过早偷尝禁果的男孩，都是因为控制不住自己的好奇心和冒险心理。因此，想要身心健康地成长，男孩一定不能偷尝“禁果”。

1.同学之间保持纯洁的友谊

男孩处于青春期，对异性的渴望和好奇是正常的事情，但是我们一定要把握好这个度，同学之间相处不要超出界限。最理想的状态是把全部的时间、精力和注意力都投入到获取知识、锻炼身体、增长才干上来，努力使自己不断进步、日益优秀。

2.偷尝禁果的危险是你远远想不到的

偷尝禁果，有害无益，可以说是后患无穷，会给你们带来很大的心理阴影。换个角度来说，如果你真的欣赏和喜欢一个女生，就更不能把她推向深渊。因为这个年龄的你们性观念还不成熟，很容易使女生患上妇科炎症甚至流产，这对她是重大的危害。

男孩，最初钟情的女孩并不一定就是择偶的终身伴侣，青春期的少年因一时的冲动发生的性行为是一种不负责任、不道德的草率行为，会给双方心理都造成终身难以愈合的伤痕。

男孩要谨慎“恶作剧”的尺度

哲哲和几个同学结伴去郊外游玩，原本在公园里玩得很开心，后来因为恶作剧，却导致了悲剧的发生。

原来，有个同学提议要玩信任游戏。也就是让一个人站立着，让其他人站在这个人的背后采取蹲位，并且伸出手等待这个人朝着背后倒下来。刚开始，游戏进行得很顺利，但是当轮到哲哲往背后倒的时候，同学们对他进行了恶作剧——他真正倒下的时候，同学们都把胳膊缩回来了，而且都偷偷地躲开了。这导致他毫无防备摔倒在地上，头部重重地磕在石头上，结果头破血流，当即被紧急送往医院。

医生给哲哲缝合包扎后说：“你们的游戏太危险了，恶作剧也不能这样啊。你们完全没有发现地上有凸起的石头，就这样恶作剧，幸好石头不是很尖锐的，否则就会导致骨头受伤。人的后部头骨是非常薄的，很脆弱，而你已经十二岁了，体重又很重，这样如同木头一样倒下去，可想而知头骨将会受到多么严重的伤害。以后，再也不要这样没分寸了。”得知这件事情后，班主任老师也当即在班级展开危机干预，教育同学们不要无限度地恶作剧。老师还以哲哲的惨剧教育全班同学，告诫大家再也不要犯类似的愚蠢错误。当然，那几个故意和哲哲恶作剧的同学也被严肃批评，因为他们不但失去了哲哲的信任，而且还对哲哲造成伤害，结果是非常严重的。

万一地上有尖锐凸起的石头，哲哲会受到更加严重的伤害，而远远不止头破血流这么简单。本着对同学的完全信任，也因为游戏前期进展顺利，所以哲哲才会完全放心地背朝后倒下，结果却遭遇同学的捉弄，不只是身体，哲哲的心理想必也受到了严重伤害。当然，游戏本身没有错，最关键的问题在于男孩要拥有安全意识，也要具有团队精神。由此可见，让男孩形成正确的观点和意识，才是保证男孩人生稳妥的关键所在。

男孩在一起打打闹闹，玩些游戏，或者小小的恶作剧一下，是很正常的。需要注意的是，千万要把握好度，而不要因为恶作剧无度，导致严重的后果，给自己和他人都带来困扰与伤害，那么恶作剧也就失去了娱乐与消遣的性质，反而变成了坏人坏事。

为了避免这种情况的发生，男孩一定要开阔眼界，也对很多事情都有一定的认知和了解，从而督促自己做出正确的举动和行为，也避免危险的发生。还有些男孩对于勇敢的理解失之偏颇，总觉得所谓勇敢，就是做别人不敢做的事情，当几个男孩在一起相互比较勇气和勇敢的时候，就会导致彼此失去原则和底线，甚至做出危及到生命安全的事情。总而言之，男孩一定要更加理性，对自己的行为有准确的把握，这样才能避免危险的发生，也真正对人生负责。

不要贪小便宜，否则吃亏的是自己

一天放学，小北慢慢悠悠地在路上走，突然发现路边有很多人都聚集在一起，似乎人群之间有什么好玩的东西，因为小北听到人群时不时地就会发出惊呼声。小北的好奇心一下子就被激发出来，也赶紧背着书包朝着人群里钻去。钻入人群，小北才看到人群之中有个大转盘，转盘上标注着各种奖项。好几个大人都排队正在玩转盘呢，小北也怦然心动。他倒是不奢望能中转盘上的大奖，只要能中个一百块钱的小奖，他就很庆幸了。小北一边这么想着，一边暗暗打着小算盘：“我的口袋里有二十元钱，五块钱转一次，转四次的话，我至少也能中一个小奖吧，那我就能赚到八十块钱，也就有了一百块钱，这可是我两个月的零花钱啊，而且可以当作私房钱，不用交给妈妈！”想着想着，小北的嘴角不自觉地浮现出微笑，甚至觉得自己已经小奖在望了。

小北情不自禁地把手伸进口袋里，死死地捏着二十元钱，似乎需要通过指头的力量来给自己鼓气打劲。最终，小北下定决心拿出二十元钱，豪爽地对老板说：“老板，我要转四次。”小北上台了，非常郑重其事地双手合十祈祷，围观的人都被小北逗得笑起来。小北开始旋转，一直转了四次，都没有转到任何奖项。看着自己半个月的零花钱就这样打了水漂，小北感到心疼不已，恨不得让时光倒转，然后一定要守住零花钱。

回到家里，小北懊丧不已地讲述了自己的经历，想让妈妈能给自己弥补一些损失。不想，妈妈生气地说：“你这个孩子怎么变成财迷了呢！”小北为自己辩解：“我这是投资好吧，要是转中奖励，现在岂不是有了一百元么！”爸爸忍俊不禁笑起来：“小北啊，贪小便宜吃大亏这句话你听说过吗？你还算幸运，只是花了二十块钱就买了这个教训。”小北委屈得泪花闪闪，爸爸继续说：“小北，世界上没有免费的午餐，也不可能有从天上掉馅饼的好事情。爸爸妈妈的每一分钱都是辛苦赚来的，你怎么还想不劳而获呢，咱家可没有这样投机取巧的传统。你看看每天彩票售卖点有多少人买彩票，但是真正中大奖的人又要多长时间才会有一个两个呢！所以那完全是赌博，不是投资，你今天的行为也是赌博，而不是投资。因为你完全是冲动的，没有付出任何努力，就想以小博大。你受到这样的教训也好，否则有些大人还因为想要不劳而获而上当受骗呢！”小北更懊悔了，爸爸说：“记住，贪小便宜吃大亏，不贪便宜不吃亏。”小北用心思考着爸爸的话，很久都不吱声。

爸爸说的话很有道理，越是爱占便宜的人，越是容易吃亏上当，是因为他们的眼睛里只看到利益，所以在需要理智思考从而做出取舍的时候，他们也只看到利益，从而被利益蒙蔽了眼睛和心灵。对于小北而言，假如他能意识到大转盘是个骗局，自然就不会上当受骗了。遗憾的是，当利欲熏心的那一刻，他想到的只是自己能用二十元钱换取一百元钱，这样就轻轻松松赚取了百十元钱。对于小北而言，上当受骗也就成为必然。最终，妈妈不会给小北补偿零用钱，而是要让小北独自承受损失，也意识到盲目贪图利益的后果。

人总要学着长大，尤其是男孩随着不断成长，更要离开父母的保护，独自面对这个世界。常言道，吃一堑长一智，男孩也会在一次又一次的吃亏上当中渐渐成长，领悟到生命的真谛和做人做事的原则与底线。相信经历过这次教训，当小北感觉到自己要不劳而获或者天上将要掉馅饼时，一定会更加小心谨慎，而不会轻而易举就只想着利益，而完全忘记了风险。从本质上而言，要想避免上当受骗吃大亏，就一定不要企图占便宜。只有脚踏实地地努力，辛辛苦苦地奋斗，一点一滴地积累，每个人才能真正有所收获，也才能活得从容洒脱。

坦荡做人，别让坏人抓住把柄

前段时间，杜伟被小混混要挟要钱，还与李琦一起莽撞地解决问题，被小混混打了一顿。最近，杜伟又开始缺钱，甚至还和李琦借钱，让李琦忍不住怀疑：“杜伟，你不会又被小混混瞄上了吧？这次可不要再犯傻了，一定要告诉老师和父母，不然又少不了一顿暴揍。”听到李琦的话，杜伟烦恼地说：“你可别说小混混了，这次的事情比被小混混缠上还麻烦呢！”李琦很纳闷：“我觉得那都已经是大麻烦了，还能有什么更大的麻烦呢？”杜伟愁眉不展地说：“我告诉你，你可千万别告诉别人，我被敲诈勒索了。”“啊？！”李琦忍不住惊呼起来，“你有什么把柄被人抓住了？”

杜伟犹豫不决，最终才下定决心告诉李琦：“你知道的，我一直以来都喜欢朱莉，还把这件事情写到日记里了。有一天，我把日记本放在书包里带到学校，结果忘记拿出来了，就一直留在书包里。结果，我整理书包的时候，大喇叭娇娇看到了我的日记本，她不知道那是我的日记，还打开看了。我忙着整理东西，也没发现日记泄密了，等我发现的时候，娇娇已经看到了关键的内容。近来，娇娇总是说‘我的嘴巴又想当喇叭了，不过我想和路雪冰淇淋能粘住我的嘴巴’。有的时候，她还说；‘哎呀，我掌握了一个大秘密，不知道能不能换个毛绒玩具当礼物呢’……就这样，她总是以此为借口向我要各种东西，我真的忍无可忍了。”李琦不以为然：“班级里也有其他男生女生玩暧昧，谈恋爱啊！为何你这么害怕呢！”杜伟嗔怪李琦：“你可真是个傻小子，人家那是两情相悦，我这是单相思啊，我最怕被朱莉知道。”李琦认真想了想，说：“你也不能一直这么被娇娇勒索啊。要是我是你，随便她说去，还省得自己表白不好意思呢！不然，难道你愿意一直把零花钱都贡献给娇娇啊！”杜伟说：“当然不愿意。我也想了，长痛不如短痛，与其这样被娇娇勒索，还真不如像你说的，随便她说去呢！”李琦眼珠子咕噜咕噜转，又想出一个好办法，说：“其实，你也可以骗骗娇娇，就说你已经向朱莉表白了，这样她自然没有必要再向朱莉告密。就算她真的告密也没关系，反正你已经做好了最坏的打算，毕竟单相思或者暗恋也不算什么罪名吧！咱们都是男子汉，难道敢干还不敢承认嘛！”在李琦的一番分析下，杜伟决定终止这样痛苦的生活，就按照李琦说的办了。果不其然，娇娇对于杜伟一点办法都没有，只能放弃继续勒索杜伟。

严格意义上而言，对于青春期男孩来说，默默地喜欢一个女孩，把喜欢的感情表达在日记中，并没有任何错。杜伟唯一忌惮的就是他不想让娇娇把事情告诉朱莉，一旦这个障碍被扫除，杜伟也就可以光明正大，不再受娇娇任何勒索和恐吓了。

这就像人们说的长痛不如短痛，如果因为某件事情不断地受到勒索，不如主动把事情捅出去，也让对方没有了把柄，勒索自然终止。这个世界上并没有绝对完美的人存在，每个人都会犯错误，更何况是青春期男孩呢！对于自己的错误，男孩一定要鼓起勇气承认错误，也要有勇气承担责任。真正的男子汉不等着别人来为自己曝光错误，而是勇敢地挺身而出，主动承认错误，这样自然也就不会有任何把柄落在他人的手上。做人一定要坦荡，才能无怨无悔，也才能无所畏惧。与其被他人不断地要挟和恐吓，最终还是纸里包不住火，不如让自己光明磊落，无所畏惧，也可以坦然潇洒地行走人生之路。

遭遇突发事件，学会及时求助于人

对于男孩来说，很多时候他们比女孩更胆大、勇敢，他们都立志要成为一个不依靠别人的人，这无可厚非，但凡事有例外，如果遇到解决问题的难度超过了你的能力范围的情况，你就应该求助于人，这不是软弱，而是一种机智。的确，一个人在遇到突发事件时是否表现得冷静、果敢也是其是否成熟的一种表现。

曾经有这样一个故事：

有个小男孩叫萨契利，这天，他的妈妈开车带着他和他仅八个月大的弟弟去另外一个地方，就在某条公路上，不幸的事情发生了。

当时，他的母亲在车上找手机，但因为一时疏忽，车子一下子失控了，汽车的左侧撞到了树上，车窗全都被撞碎，坐在驾驶位置上的妈妈一下子就晕了过去，头上鲜血直流。这时的小萨契利害怕极了，但他还是很快冷静下来，然后爬到车后座，解开弟弟身上的安全带，然后抱起弟弟从车里爬了出来。

后来，他居然一个人步行走了将近1公里，敲了3户人家的门。后来，到第三户的时候，有一个叫南希的人给他开了门。当南希打开家门时，她被眼前的景象惊呆了，一个才1米高的小男孩，光着脚，满脸恐惧，手上抱着一个正在哭泣的婴儿，还没等南希反应过来，男孩冲着她大喊："我妈妈在公路下面，求您快去救她。"听完男孩的讲述，南希跳上车前去援救。消防人员也随后赶到。男孩妈妈被送往哥伦比亚医疗中心重症监护室。在昏迷了10天后，她终于睁开眼睛说话了。

这个故事的确令人震撼，一个五岁的男孩，还未对社会有全面的认识，怎能有这样的勇气和应变能力？无疑，这种判断能力是不断培养和积累获得的。

男孩，你还应该学习小萨契利善于求助的精神。而且，你毕竟还是孩子，在遇到危险的情况下，你的力量是有限的，此时，求助也是最好的方式。举个很简单的例子，对那些动手动脚的坏人，你首先应该警告他们，如果他没有"收兵"的意思，你可以向周围群众揭露其丑恶行径，以引起周围群众对坏人的斥责和愤慨，从而得到大家的帮助。如果坏人继续为所欲为，就要马上报警，但报警时，避免离开人群，以免被坏人抓住。

机智的男孩能做到临危不乱，善于寻找一切方法保护自己。那么，在遇到突发事件时，你该怎么求助于人呢？

1.求助于最近的人

在遇到危险时，最快捷的方式就是求助于身边的人，因为他们能给你提供最直接的帮助。比如，在学校参加体育活动，你受伤了，那么，最简单的方法便是让你的同学把你送到医务室或者医院；如果你的钱包、电话被偷了，你可以求助附近的路人，让他们帮你打个电话回家等。

2.求助你的亲人

有时候，你求助于最近的人，对方不一定会为你提供帮助，但你的亲人绝对不会置你于不顾，因此，出了车祸、丢了东西给父母打电话，他们绝对会在第一时间赶到。

3.寻找周围一切可以求助的工具

比如，你溺水了，你大声喊救命，但未必有人听得见，此时，你可以吹口哨、挥舞自己的鲜艳颜色的衣服等。

当然，这些都还需要男孩有一定的社会阅历，毕竟，见过大世面，凡事都能够从宽处、大处着眼，自然能够顺势时不骄，逆势时不馁。当男孩经历了各种各样的事情，有了一定的处事经验，自然也就拥有了出色的判断力与应变能力。

男孩也要防范性骚扰

这天，晚饭过后，杨先生一家在讨论儿子学校的一件新闻。学校有个叫奇奇的男孩，被送进了少管所。

杨先生对儿子说："他是在初二那年，迷上了网络。他曾获得过各种计算机竞赛奖，家长和老师都为他骄傲。暑假里，他整天泡网上。有一天，他在网上看到了一个令人意想不到的情景。一开始他感到很慌乱，连忙关掉电脑，但直观的视觉刺激使这个十五六岁的男孩子焦躁不安。于是，他又坐在电脑前，打开机器，进入该网站，继续看起来。从此以后，他想入非非，静不下心来做暑假作业，整天沉湎于色情网站。后来，一次，他的邻桌女同学到他家学电脑、上网，他在教了这位女同学基本操作程序后，就重新打开了上次自己看的网页，那种不堪入目的画面又出现了。以后，他就以'学电脑'为名，多次引诱该女同学到家里看黄色录像，其实，他自己也知道这样做不对，可是他控制不住自己。终于有一天，他们发生了不该发生的事。一个星期天上午，他又将罪恶之手伸向一名年仅13岁的幼女，这个女孩哭着离开了她最崇拜的'电脑高手'。两天之后，他就因强奸幼女被'请'进了少管所。"

对于"性骚扰"，人们往往会想到穷凶极恶的色狼，并认为那些弱不禁风的女青年是受害者。殊不知，那些男孩也可能成为受害者。

然而，男孩与女孩遇到的性骚扰是不同的，女孩遇到的更多的是异性赤裸裸的骚扰，而男孩遇到的性骚扰则是间接的，当今男性青少年受到的"性骚扰"主要有：电视剧、歌曲、网络、广告画等。

1.来源于电影电视

现在不少电影电视作品，为了博得收视率，为了博得观众眼球，会穿插一些调情、亲吻、性爱、强奸等细节，这对性萌芽期的男孩来说都是一种刺激。

2.来源于歌曲

这些歌曲不少是流行歌曲，歌词大多描写情爱，成熟的人未必喜欢，但是青春期的少男少女则喜欢挂在嘴边。这些歌现在越来越多了，几乎到处都可以听到，让人极为不舒服。

3.来源于网络

网络时代，一切都虚拟化，网络世界五花八门、形形色色的人和事都有，最吸引青春期男孩的，莫过于那些裸体美女，她们的图片和视频容易让价值观还未成形的青少年沉迷。

4.来源于广告画

这些广告画打着爱惜女性的皮肤、乳房的招牌，实际是借女性的性器官吸引人们的注意力，这些画半遮半隐，具有很强的诱惑性。

此外还有一些黄色光碟、黄色网站等。如果仔细分析一下这些“性骚扰”的来源，就会发现这些骚扰都来自女性身上的诱惑，最终的受害者自然是那些男性青少年。由于这些“性骚扰”，男孩很容易走上性犯罪的道路。

因此，男孩一定要自觉抵制黄色信息，远离它们，多接触正面的人和事，才能让自己的身心健康发展。

对不合理要求学会说“不”

“妈妈，我们班张亮亮又让我给他带早餐，真烦人。”儿子跟妈妈抱怨道。

“帮助同学不是应该的吗？”

“可他每天都这样。本来那天早上，他说自己要迟到了，给我打电话让我带早饭直接去教室吃，但后来，他每天都说自己要迟到，我也不知道怎么拒绝他。”

“乖儿子，你是个善良的孩子，但帮助别人也要有度的，别人能做到的事，却让你去帮忙，你就不该答应，你要知道，

'好好先生'总是会被别人欺负……"

案例中，妈妈的话是有道理的，毫无原则地帮助别人就会成为一个吃力不讨好的"好好先生"。诚然，人生在世，谁都会有求于人，正是深知这个道理，我们对于别人的困难也常常伸出援助之手。但对别人的请求，总不能事事都答应，对有些自己力不能及的、违犯原则的、出力不讨好的、付出精力太多的请求，不得不加以拒绝。不善于拒绝别人的人是一个没有原则的人。

生活中的男孩，你是否希望有时能说"不"？你是不是被迫同意每个请求，宁愿竭尽全力做事，也不愿拒绝帮忙，即使自己也没有时间？那么，为什么你会继续答应呢？

这是因为你渴望友谊。而很多男孩往往会错误地认为，拒绝朋友会让朋友产生一种抵触情绪，因为拒绝表示自私，代表不关心、隔阂和敌视，是一种迫不得已的防卫，殊不知它更是一种主动的选择。

青少年在人际交往过程中为了营造所谓的和谐关系，往往对别人的要求来者不拒，根本不懂得拒绝，甚至有些事凭自己的能力根本办不到，其实这完全没有必要。

青少年大都听过这样一句古话：大丈夫有所为有所不为。这个"不为"，就是拒绝，对于别人的要求，你能做到的，就可以通过举手之劳做到，但有些事，以你自己的能力根本做不到的，你就应该拒绝。

其次，男孩，你还要掌握一些拒绝的技巧：

（1）区分拒绝与排斥。记得你是拒绝请求，而不是排斥一个人。通常人们都会明白，你有拒绝的权利，就像是他们有权利要求帮助。

（2）保持简单回应。记住，拒绝别人一定要坚决而直接。使用短语，如："感谢你看得起我，但现在不方便"或"对不起，我不能帮忙”。

（3）给自己一些时间。这样，你能有时间考虑怎样在不伤及感情的情况下拒绝别人。

（4）考虑一项妥协方案。如果你不得不同意这项请求，也要用有限的时间或能力做。如果你真的想拒绝就要避免妥协。

自我教育，绝不参与拉帮结派

这天放学后，教导主任王老师正准备收拾东西下班回家，高一一个男生气喘吁吁地跑过来对他说：“不得了，王老师，我看到我们班十几个男生在打群架，你快去看看吧。”

王老师不明就里，于是，一边询问这名男生具体情况，一边往出事地点——操场赶去。原来，这十几个男生跟社会上的人有接触，分别跟着不同的“老大”，这两名“老大”一直关系差，所以这些男生也就在学校内形成了不同的帮派。这天，他们因为一些鸡毛蒜皮的事吵起来了，最终大打出手。

幸亏教导主任及时赶到，否则后果不堪设想。

在很早以前，著名的德国儿童心理学家夏洛特·彪勒就曾把青春期称为“消极反抗期”。这个时期的男孩一般都会对生活采取消极反抗的态度，他们开始逐渐否定以前的良好品质和行为，对一些不良行为习惯吸收得更快，甚至会引起一些不利于他们的社会适应的心理卫生问题。

很多青春期的男孩，正是由于这种叛逆的个性而陷入帮派的陷阱。其实，这些男孩并非天生偏爱暴力与犯罪。经过引导和随着人生阅历的增加，大部分成员都会重新变得平和而成熟；当然，也有很多人最终将犯罪当成职业。

近年来青少年违法犯罪呈上升趋势，而“小团伙”“小帮派”更是突出的一个方面，颇受社会的关注，本文仅就“小帮派”的成因及对策谈点看法。

从心理方面讲，这一时期男孩的心理还都尚未成熟，处于一种起伏不定的状况，很容易受到外界的影响和引导，正确的引导当然对他们的身心发展有好处，但错误的引导，就会可能导致他们误入歧途。

这些男孩一旦被社会上的那些帮派吸收，成为帮派一员，很容易走上社会的反面，甚至违法犯罪，涉及盗窃、抢劫、强奸、敲诈勒索、打架斗殴、收取保护费等方面，他们扰乱社会秩序，破坏社会稳定，成为社会的一大公害。

因此，男孩必须远离帮派组织，其中，自我教育是让青春期男孩远离帮派的主观因素。学校教育、家庭教育、社会教育只有转化为自我教育才能真正起作用。

在男孩心理品质的教育中，意志的培养尤为重要，男孩必须有自我约束力和控制力，懂得明辨是非黑白；同时，应该有自己的交友原则，交益友，多参加一些有益于身心的活动，从而建立起正常的同学友谊。

运用法律武器，抵制校园暴力

“快给钱，不然别想走！”几个社会青年在上学路上对一个低年级男孩说。恰巧，这一幕，被正赶回家的初三学生亮亮看见了，他心想，自己一个人的力量肯定斗不过这些人，于是，他赶紧先打110，因为派出所就在附近不远，然后他对着这几个人大喊：“警察来了！”果不其然，这几个青年吓得魂飞魄散，已经来不及看真的情况是什么，就逃窜了。

案例中的男孩亮亮是个勇敢又机智的男孩，面对校园暴力，他没有退缩，也没有逞一时意气，而是先报警，再用“警察来了”吓走犯罪分子。

勇敢的男孩最值得人敬佩，现代社会的每个男孩，都要勇敢运用法律的武器保护自身权益。现代社会法律逐步健全，男孩们在校园暴力面前，也要学会运用法律的武器，毕竟，青春期的你们还是脆弱的，自我保护能力弱。

依靠法律，必须学法、知法。男孩要主动学习一些基础法律知识，要了解什么是合法，什么是违法；什么是无罪，什么是犯罪；什么是自己的义务、权利和合法权益，什么是受到侵害。还要弄清家庭、学校、社会、司法对未成年人保护的内容和法律责任。

青少年阶段的男孩要懂得依法履行自己的义务和行使权利，并在违法犯罪行为对自己形成侵害时，能够依靠法律手段进行自我保护。要做到：一克服“害怕对方报复，干脆自认倒霉”的错误思想；二克服“管它三七二十一，我私下找人报复”的错误做法。总之，决不能感情用事、冲动行事，要借助法律手段，在法律允许的范围内自我保护。

比如，当在公共场所，有人抢劫你的财物时，你应该考虑事情的轻重缓急，不要太过在意财产，应该先保证自己的生命安全，然后在确保自己安全的情况下，再报警，寻回自己的财物，不到万不得已，不要硬拼，避免造成更大的损失。关键时应大声呼救，及时报警。

报警时，应确认对方是110报警台后再述说。尽量明确地告知出事地点、肇事者的人数，是否有武器和交通工具的种类等细节，还要留下联系办法。如果你是处在和坏人周旋的危险中拨打110，应注意隐蔽和轻声。

第五章

让男孩长于交际的10件事

笑脸对人，用真诚感染对方

男孩要养成笑脸对人的好习惯，只有先给他人以笑脸，才能得到他人的笑脸，只有以笑脸传递出对他人的友善，才能得到他人的友好对待。人与人之间的关系是相对的，也是互动的，任何时候，都要与他人笑脸相对，才能拥有好人缘，也才能建立良好的人际关系，拥有丰富的人脉资源。

然而，有很多男孩都不愿意微笑，他们总是表情严肃，面色深沉，似乎这样才显得很酷，也才能表现出自己的高冷。还有些男孩一厢情愿地以为这样能够吸引女孩的注意，赢得女孩的好感。实际上，只靠着猎奇来吸引女孩的注意，并不是真正有个性的表现，毕竟大家都喜欢与亲切和善的人打交道，而不喜欢与表情阴郁、浑身充满了负能量的人打交道。为此，男孩不要当冷面人，而是要常常绽放出笑容，这样才能富有亲和力，也才能吸引更多的人对他们产生好感，乐于与他们相处。尤其是在面对陌生人的时候，如果能够面带微笑，则可以在很短的时间内以笑容融化冰雪，也瞬间拉近与他人之间的距离。人是感情动物，每个人都追求感情和谐融洽，为此人与人相处既要讲究缘分，也要讲究方式方法，讲究相处的艺术，这样才能拥有好人缘，也才能拥有丰富的人脉资源，养成良好的人际交往习惯。

在很小的时候，希尔顿就有开办酒店的想法，他做梦都想拥有属于自己的连锁酒店。后来，他抓住机会，开办酒店，果然经营很成功，资产不停地增多。希尔顿距离自己的梦想越来越近，他感到非常高兴，然而母亲却给他泼冷水："拥有现在的这些资产，并不能让你真正获得成功，要想真正把酒店做得更大，经营更好，你必须找到一种简单且高效的办法吸引顾客，这样他们才会成为回头客，成为你的忠诚客户。唯有如此，酒店才能获得发展。"

母亲的话让希尔顿陷入沉思，他不知道什么才是简单有效且能够挽留住客户的方法，为此特意去其他酒店进行视察。最终，他找到了这个办法，那就是开展微笑服务。后来，希尔顿要求酒店里的每一个从业人员，包括他自己在内，都要对光顾酒店的客户面带微笑。因为希尔顿以身作则，身先示范，哪怕对于员工也总是微笑，所以很快酒店里就把微笑服务变成了特色，每一个员工只要来到酒店工作，就会发自内心地真诚微笑，也把微笑作为对客户最好的回报。后来，受到金融危机的影响，很多酒店都倒闭了，但是希尔顿酒店却最终战胜了困难，熬过了难关，而且还不断发展壮大，最终成为全世界连锁的星级酒店。

希尔顿从事的是服务行业，更是要以笑脸对待客户。当然，我们虽然不从事服务行业，只是普通人，但是同样需要给他人留下好印象，让他人愿意亲近我们。所以，我们一定要常常微笑，尤其是在与人相处的时候，更是要对他人笑脸相迎，这样才能得到他人同样的对待，也得到他人的真诚和好意作为回馈。

微笑虽然很简单，却绝不是牵动嘴角就能做到的。很多从事服务行业的人会表现出职业性的微笑，这样的微笑很标准，却缺乏打动人心的热情和热忱。真正的微笑如同绽放在心底的花，又表现在我们的脸上，为此是可以感染人的，也是可以真正感动他人的。男孩未必就要坚持高冷范，也可以成为一个人人都喜欢且愿意亲近的暖男，常常把微笑挂在脸上，这样才能与他人形成良好的关系，也真正受人欢迎。如果现在还没有养成微笑的好习惯，男孩还可以采取各种方式督促自己多多微笑，例如可以在房间里、书桌上摆放镜子，这样一来就可以提醒自己保持微笑。看着镜子里微笑的自己，男孩的心情也会变得更好起来，可谓一举两得。

真诚道歉，赢得朋友的谅解

男孩，朋友之间产生矛盾是非常正常的事情，我们要学会道歉，也要学会宽容。其实，朋友之间闹矛盾谁对谁错并不重要，重要的是对待矛盾的态度。如果双方中的一个人懂得认错道歉、表明自己的想法，那么另一方也会感到有些羞愧，不会斤斤计较的，毕竟都是朋友。如此，矛盾也会随之化解，不会留下什么遗憾。

艾伦和凯文是高尔夫球伙伴，在一次业余高尔夫球接力比赛中，凯文和艾伦彼此合作，虽然凯文的开局很好，可是后来击球却很糟糕，凯文在一次击球时失误将球打空了，球只沿着跑道滚了几米远，这使得原本就心情不好的艾伦脸色变得铁青，向凯文走来大发雷霆，并大声地斥责他。

凯文并没有对朋友的无理生气回击，也没有嘲笑和敷衍他的朋友，他只是真诚地说："艾伦，我的朋友，我真诚地向你道歉，因为我的失误使得我们的成绩差了很多！"艾伦听了朋友的道歉，气愤逐渐消失了："哦，没关系。"艾伦嘟哝着说："这不是你的错。"

在"真诚"的攻势下，凯文化解了艾伦的愤怒，也坚固了两人的友谊。

我们都是朋友，所以没有什么过不去的仇恨，也没有解不开的死结。有时候我们可能因为各种各样的原因做错事让朋友生气，或许当时都好面子或者在气头上我们无法去面对，但是冷静下来之后还是需要去解决的。相信只要我们敢于去道歉，承认自己的错误，说一声“对不起”，我们就能得到朋友的谅解，我们也不会因为一点小事而失去彼此。

诚恳的歉意不仅能弥补彼此之间的裂痕，还可以增进彼此之间的感情。所以，如果你有了过失，就应该大方地表示歉意，诚恳地说一句“对不起”。

谦逊待人，收获他人的友谊

生活中的男孩，无论你有多优秀，你都应该学会虚怀若谷，只有做到这点，你才能不断地收获他人的友谊。

大思想家老子的师父是常枞，在常枞即将离世时，他的弟子们都围在他身边，老子是常枞的得意门生，面对即将离开自己的老师，老子想听听师傅最后的教诲，于是，他问：“老师！你还有最后的教示吗？”

常枞很缓慢地说：“你看牙齿和舌头，哪个刚强？哪个柔弱？”

老子说：“牙齿刚强，舌头柔弱。”

这时，常枞缓缓打开嘴巴：“你看！我的嘴巴还有什么？”

这时，老子看到的是，老师的牙齿已经完全掉光了，然而柔弱的舌头依然存在。

常枞说：“这就是我为你上的最后一课——柔弱胜刚强。”

老子含着眼泪说：“今后，我将以谁为师。”

常枞说：“你应该以水为老师。”

的确，水是最柔弱的物质，但却也是最刚强的。水最谦卑，世界任何动植物都不能没有它，但是它不居功，也不标榜自己的能力，默默地嘉惠了生灵万物之后，若无其事地又往低处流去。

我们发现，那些越是地位崇高，越是成功的人，越是心胸宽广，越是虚怀若谷。因为虚心的力量是巨大的。它既让我们的头脑保持清醒，品行不入蛮俗，又会为我们创造左右逢源的生存和成长、立业的环境。谦和做人，他人也会回馈你好运。而生活中，我们也可以发现，好胜心强是很多青春期男孩身上的特点，在与人交往的过程中，他们渴望成为焦点，一旦不能为大家所共同关注时，他们便发脾气。同时，他们会认为他人的帮助理所当然而不知道感谢。如果你是这样的男孩，你一定要逐渐改正。与人交往，要虚心，多看看他人的优点和长处，要通过自己的努力不断超越别人、战胜自己。有一天，当你学会了事事处处接纳他人、理解他人、信任他人，不仅会发现他人的许多优点，而且也会容忍他人的某些不当之处，求大同存小异。这样，你的人际关系就会变得融洽和谐。

“助人”也就是“助己”

我们都知道，人与人之间的交往都是相互的，你怎样对待他人，他人就会怎样对待你，如果我们只想拥有而不想给予，那将是一个自私的人，而自私的人是不会拥有真正的朋友的。所谓“赠人玫瑰，空手余香”就是这个道理。事实上，我们的生活中处处存在美与爱。我们每天都能看到初升的太阳，那是自然之美。我们每天都能拥有他人的关爱与帮助，这是人性之美。

青春期是人的人格砥砺和品质形成时期，每一个这个阶段的男孩都要学会付出爱，有时候，你对他人的一次举手之劳，不仅成全了他人，也成全了自己。

曾经有这样一个故事：

很久以前，有位医生，一天，他在诊所接到电话，附近小区有家人的孩子生了重病，需要他去抢救，但走到半路的时候，却发现，前方的路被一个很宽的沟壑堵住了。于是，他向前面正在施工的推土机的司机求助，司机很爽快地答应，帮医生填好了沟壑。

随后，医生飞奔到病人家，终于孩子得救了。在回去的路上，他感激地向那位司机道谢："谢谢你，是你救了孩子一命。"不料，司机却说道："我根本不知道那是我的孩子"。

这是一个多么出人意料的结局，但这个小小的故事却告诉我们生活中的每一个人，赠人玫瑰，手有余香，有时候，帮助他人也就是帮助自己。

因此，年轻人，你应该以故事中的司机为榜样，多做利于社会、利于他人的事，并且，在必要时候，应该牺牲一些自己的利益。你可以从身边做起，帮助那些需要帮助的人。如生活中，人人都会遇到一些困难、矛盾和问题，都需要别人的关心、爱护，更需要别人的支持、帮助。如果在社会生活中，每个人都能主动关心、帮助他人，从自己做起，从小事做起，从现在做起，使助人为乐在社会上蔚然成风，那么，你就能随时随地得到他人的帮助，感受到社会的温暖。从这个意义上讲，"助人"也就是"助己"。

主动付出，赢得支持

我们每个人，都是一个独立的自我，但同时，也生活在一定的社会集体中， 我们的身边，还有朋友，还有共事者，还有很多人，我们不可能脱离集体而存在。为此，我们在向社会、他人索取的同时，也要学会奉献、懂得感恩！青少年阶段的男孩，你也必须要认识到这一点，你若想获得他人的支持，赢得他人的友善，就必须从现在起，学会付出和给予。

日本麦当劳的社长藤田田，可谓感情投资的典范。他所著的《我是最会赚钱的人物》，至今畅销不衰。在书中他提到，日本麦当劳每年都会拨巨款给医院，作为保留病床的基金。一旦麦当劳的职工或职工家属生病或发生意外，便可立即入院接受治疗。即便是在假日突发疾病或是遭遇意外，也能立即被送到指定的医院，免除了多次转院带来的麻烦和危险。

对此，有人曾经问藤田："如果一连几年都没有职工或职工家属生病，那这笔巨资岂不是白白浪费了？"藤田则回答："只要能因此而让职工安心工作，那么对于麦当劳来说，这笔钱就花得很值。"

正是因为有了企业对员工的付出和保障，满足了员工心理安全的需求后，员工自然能够安心工作，也愿意将自己的一生托付于此。

对于他人来说，我们的付出可以是一个善意的微笑，一个鼓励的眼神，一次微不足道的帮忙，一次举手之劳的扶持，分寸之间，全靠我们自己的把握。世间万物，人心最珍贵，却也最易得。上天不会平白厚待懒惰的人，人们也不会无故喜爱冷傲的离群者，我们的所得，必然来自我们曾经的付出。

男孩们，一个篱笆三个桩，一个好汉三个帮，人生在世，每个人的成功，都需要大量的人来协助。今天的我们，无论是处在事业的起步期、上升期、成功期还是失败期，都需懂得先付出才能有收获的道理，只有这样，起步才有人帮衬，上升才有人提携，成功才有人固守，失败才有人扶助。

给对方留面子，就是给自己留后路

在中国人的心目中，面子是尊严的代名词。丢失了面子，就丢失了光荣，失去了光彩，矮了身份，感到脸上无光，心中无味。因此，人们最厌恶那些指责自己的人，因为这会让他失了面子。这就告诉所有渴望友谊的青少年阶段的男孩，无论你的交往对象是谁，无论处于什么样的场景下，你都不要指责他人，指责只会让他人厌恶你。

我们来看看“第六枚戒指”的故事：

美国经济大萧条时期，有个姑娘，高中毕业以后来到一家珠宝店上班。她很珍惜自己的工作，为此，她努力地工作着。

就在圣诞节的前一天，在她当班的时候，珠宝店来了一个衣衫褴褛的顾客，她很明白，这个顾客只不过是看看而已，因为他买不起。

这名顾客在店里随便溜达着。此时，电话响了，年轻的姑娘去接电话，突然，她一不小心撞翻了放在展览柜上的一叠钻石，6枚精美绝伦的钻石戒指落到地上。她慌忙捡起其中的5枚，但第6枚怎么也找不着。这时，她抬起头看到那个顾客正在向门口走去，她明白，钻石应该是被他拿走了。于是，她赶紧站起来，柔声说道：

“请稍等，先生!”那男子转过身来，看着年轻姑娘不知道说什么。

“什么事？”男人问。年轻姑娘并没有说话，于是，他开始紧张起来，并再次问：“什么事？”

“先生，我想说的是，这份工作对于我来说来之不易，现在找工作很难啊，我想您也深有体会，是不是？”姑娘神色黯然地说。

听到年轻姑娘的话，男子久久地凝视她，终于一丝微笑浮现在他脸上。他说：“是的，确实如此。但我相信，你一定会取得好的成绩的。我可以为你祝福吗？”他向前一步，把手伸给姑娘。

“谢谢您的祝福。”听到男子这么说，年轻姑娘也伸出手，两只手紧紧握在一起。姑娘用十分柔和的声音说：“我也祝您好运!”

男子在握手后，说了句再见就转身离开了，姑娘站在原地，目送男人远处，然后转身走到柜台，把手中握着的第6枚戒指放回原处。

很明显，这位年轻姑娘的方法是值得我们效仿的，她既拿回了钻石，又为这位贫民顾客保留住了面子。设想，如果面对这种情况，她大喊大叫或者严厉地质问对方、执意追查都会让这个贫民怀恨在心，甚至可能对她实施报复行为。

生活中的男孩，当你遇到他人意见与你不一致、对方意见已经明显错误、他人犯错的情况下，你不要指责，而一定要懂得控制自己的情绪，多考虑自己做事、说话的后果，要为自己留条后路，就要给别人留面子。

用欣赏的眼光去看待别人

“虚心使人进步，骄傲使人落后”，任何一个男孩都知道这个道理。这句话运用到人际交往中，是要告诉男孩，只有低调谦虚者才会赢得他人的青睐。而要做到这点，你首先就要学会欣赏他人，多看到他人的长处而不仅仅是自己的长处。我们也不难发现，生活中，有一些成绩优异的男孩，他们总是保持一种高傲的态度，似乎其他人都不如自己，这致使别人不敢接近他们，从而失去一些朋友。“曲高必定和寡”，孤芳自赏、自命清高的人是不会有良好的人际关系的，同样，要拥有好人缘，在交际应酬中得心应手，我们就应该看到人际交流和交往的重要性，克服这种自身弱点。

清末洋务运动中，张之洞在兴办民用工业上颇有建树。同时，他是个饱读诗书的人，满腹经纶，因此，他有点自命清高。在与名士交往的过程中，他的态度让很多人感到不满，但也无可奈何。

在张之洞的下属中，有一位布政使，此人小有名气，但张之洞却不屑一顾、多次对他失礼，因此，他对张之洞很不满。

有一次，此人去拜见张之洞，与之商谈公事，事情谈完之后，此人便告辞要离去，出于礼仪，张之洞便送他出门，到仪门时，张之洞便准备回去了。

谁知道，这位布政使故作神秘地对张之洞说："请大人多走几步，下官还有几句话要告诉你。"张之洞心想，布政使肯定还有重要的内容要说，于是，他便陪同布政使继续走了一段路，但布政使一直不开口，不耐烦的他，只好主动问："你不是有话对我说吗？"

看到张之洞不耐烦了，布政使知道自己的目的达到了，他得意地说："其实我只想告诉大人，按照礼仪制度，总督应该将布政使送到仪门，现在大人既自己按规定把我送到仪门，就请你留步吧。"说完长揖施礼而去。

张之洞听完后，是又气又恼，但也不便表现出来，因为这位布政使所说之话的确是符合官场礼仪的。

正如那位布政使说的，交际中清高、孤芳自赏是有失礼节的。同样，现代社会的男孩，你也应该明白，克服自己的本身弱点是获得良好人缘的前提，不要把自己看得太重，要学会开放自我。开放自我是有感染性的，你对别人开放，别人也对你有更深一层的认识，更重要的是对自己也会有新的认识和体验。

懂得欣赏别人是一种豁达，是一笔财富！用欣赏的眼光去看待别人，会发现其有很多优点，有很多值得自己学习和借鉴的地方。这也是一种鞭策，一种不断地完善自己的方法。用欣赏的眼光去看待别人，会拥有良好的人际关系，也会提高自己的人格魅力。用欣赏的眼光去看待别人，会给别人带来快乐与自信，也会给自己带来快乐与自信。

做有信誉的男孩

社会生活中，人与人之间的交往，贵在一个“信”字，如果人们都不以“真面貌”示人，那么，势必会陷入一种信任危机中，当然，我们希望得到别人信任的前提是，要以“真”和“诚”待人，也就是人们常说的“做人要有信誉”。

成龙出生在香港一个贫困家庭，很小就被家人送到戏班。按照旧时梨园行的规矩，父亲同戏班签了生死状，在约定期限内，他的生杀大权都在师傅手中。戏班里的管教异常严厉，他在师傅的鞭子与辱骂下练功，吃尽苦头。时间不长，他就偷偷跑回了家，父亲勃然大怒，坚决叫他回去：“做人应当信守承诺，已经签了合同，绝不能半途而废。咱人虽穷，志不能短！”他只好重新回到戏班，刻苦练功，这一练就是十几年。

22岁他终于学有所成。由于学得一身好功夫，为人厚道，几年下来，他逐渐担当了主角，还小有名气。有一天，行业内的何先生约他出去，请他出演一个新剧本的男主角，“除了应得的报酬，由此产生的10万元违约金，我们也替你支付。”何先生说完强行塞给他一张支票，匆匆离去。

成龙仔细一看，支票上竟然签着100万，好大一笔巨款！他从小受尽苦难，尝遍艰辛，不就是盼望能有今天吗？可转念一想，如果自己毁约，手头正拍到一半的电影就要流产，公司必将遭受重大损失。于情于理，他都不忍弃之而去。

一宿难眠，次日清晨，他找到何先生，送还了支票。何先生很是意外，成龙则淡淡地说："我也非常爱钱，但是不能因为100万就失信于人，大丈夫当一诺千金。"

公司得知后非常感动，主动买下了何先生的新剧本，交给成龙自导自演。就这样，他凭借电影《笑拳怪招》，创造了当年票房纪录，大获成功。

在一次电视访谈中，成龙回忆起这些往事，感慨万千，深情地说道："如果当初我背信弃义，从戏班逃走，没有这身过硬的武功，或者为了得到那100万一走了之，我的人生肯定要改写。我只想以亲身经历告诉现在的年轻人，金钱能买到的东西总有不值钱的时候，做人就应当诚实守信，一诺千金。"

成龙说得对，金钱能买到的东西总有不值钱的时候，它最终会化为粪土，而信誉则会恒久远。这也是为什么成龙能有此巨大成就的原因之一。汤姆斯·麦考莱说："在真相肯定无人知晓的情况下，一个人的所作所为，能显示他的品格。"这正验证了孔子的话："信则人任焉。""人而无信，不知其可也。"一个人心有诚意，则必有信语；心有诚意，而身则必有诚信之行为。诚信是实现自我价值的重要保障，也是个人修德达善的内在要求。缺失诚信，就会使自我陷入非常难堪的境地。同时，缺失诚信，不仅自己欺骗自己，而且也必然欺骗别人，这种自欺欺人既毁坏了健全的自我，也破坏了人际关系。因此，诚信是个人立身之本，处世之宝。

每个男孩都有追求荣誉的心，荣誉是自身价值的体现之一，但荣誉的获得往往是别人给予的，唯有给人以信誉，"做本色人，说诚心话，干真实事"，才能取信于人，也才能获取良好的人际关系，以此获取荣誉。

尊重别人的所有权

我们都知道，现代社会，很多男孩都是独生子，生活条件优越、长辈宠爱，都是以自我为中心，很少会为人考虑，他们的各种要求总是会被父母满足，于是，久而久之，对于他人拥有而自己无法拥有的东西，他们便会产生强占的想法，而这就是为什么我们发现一些青少年会有偷盗行为。除了家庭教育以外，男孩自身也应该了解尊重别人所有权的重要性，天下没有不劳而获的东西，千万别成为一个自私自利的人。我们先来看下面一个故事：

在古时候，有两个年轻人，他们是非常要好的朋友，他们经常一起干活，一起吃饭，人们都说他们情同手足。

这天，闲来无事的他们到附近的树林散步，他们走着走着。突然，从树林深处窜出一个和尚，和尚慌慌张张的，两人便问发生了什么事。谁知，和尚告诉他们，他在树林里栽树的时候，在他挖的坑中发现了一坛子黄金。

两人一听到是黄金，顿时瞪大了双眼，说："这和尚也太愚蠢了吧，挖出了黄金应该高兴才是，怎么吓成这样子，真是太好笑了。"然后，他们问道："你是在哪里发现的，告诉我们吧，我们不害怕。"

和尚说："我看你们还是不要去，这东西会吃人的。"

两个人异口同声地说："我们不怕，你就告诉我们黄金在哪里吧。"

和尚无奈，只好告诉了他们黄金的位置，两人听完后，就赶紧跑进树林深处，果然，在一个刚挖出的坑中，有一坛子黄金。打开坛子，这两人被黄金反射出的光震到了，谁都想将其据为己有。于是，其中一个人说："这会儿天还没完全黑下来，要是把黄金拿回去太不安全了，还是等天黑。这样吧，现在我留在这里看着，你先回去拿点饭菜来，我们在这里吃完饭，等半夜时再把黄金运回去。”

于是，另一个人便按照他朋友的说法，回去取饭菜去了。留下的这个人打的主意是：你若回来，我就将你一棒子打死，然后这些黄金都归我了。而回去取饭菜的那个人则是这样打算的——我回去先吃饭，然后在他的饭里下些毒药。他一死，黄金不就都归我了吗？

接下来，发生了这样一幕：两个人，其中回去拿饭菜的人回到树林里，冷不防被树林里留守的人从背后用木根狠狠击打了一下，当场毙命了。然后，饥肠辘辘的那个人看到饭菜后就开始狼吞虎咽起来，结果发现腹部剧痛，这才知道自己中毒了。临死前，他想起了僧人的话：“和尚的话真是应验了，我当初怎么就没有明白呢？”

这个故事告诉所有男孩，对于钱财的贪念会把人带向罪恶的深渊，让人失去理智。它可以使人相互摧残，甚至使最好的朋友反目成仇。当生命都不存在的情况下，聚敛巨额的财富又有何用呢？

男孩，你也要记住，君子爱财应该取之有道，用之有度。千万不要偷盗，千万别为了财富积累而伤天害理。

男孩要做到尊重他人所有权，首先要明白什么是自己的，什么不是自己的，哪些是自己的物权，哪些是别人的物权。其次要学会关心他人，尊重别人的所有权。自己喜欢的、引以为豪的东西，可以请朋友参观，可以借给朋友玩，快乐就应该分享。而对于别人的东西，你不能据为己有，这些行为是错的、丑的，绝对不能这样做。学会控制自己的行动，并懂得为什么要这样。

如果你渴望得到某种东西，你可以向朋友借，但你需要记住，好借好还再借不难，使用后如期如数归还，并道谢；当然，有些东西也可以通过购买获得，但无论何种方式，都必须是正当的。

指责他人的话不要随意说

人都爱面子，青春期的男孩尤其如此。丢失了面子，就丢失了光荣，失去了光彩，矮了身份，感到脸上无光，心中无味。因此，人们最厌恶那些指责自己的人，因为这会让他失了面子。这就告诉所有渴望友谊的男孩，无论你的交往对象是谁，无论处于什么样的场景下，你都不要指责他、质问人，质问只会让他人厌恶你。

以前，有个很出名的画家，这天，他和他的弟子们去某画廊看画。接待他们的是一位漂亮的小姐，小姐很敬业，总是亦步亦趋地陪在他们身边，并且不断地介绍画廊的各种字画。

这会儿，画家停在了一幅字画前，并一字一句地读上面的诗句，有一张画是用草书题的，大概写得太草了，画家读着读着，突然停住了，应该是不认识这个字。此时，画廊的小姐脱口而出："您看不出来啊！是意思的意嘛！"只见大师脸色一整，沉声骂道："这里有你多嘴的吗？"跟着一转身，怒气冲冲地走出画廊。

画廊小姐的错误之处在于急于表现自己，让画家没面子。

因此，生活中，当你和他人交谈时，你不要总是为了表现自己而反驳和质问他人，质问只会让他人离开你。当他人意见与你不一致、对方意见已经明显错误、他人犯错时，你不要指责，而一定要懂得善于控制自己的情绪，要多考虑自己做事、说话的后果，要为自己留条后路，给别人留面子。

总之，生活中的男孩，管好自己的嘴、不说不该说的话是训练你表达能力的前提，给别人留面子，也就是给自己挣面子。为此，在说话前，你不妨多考虑几分钟，讲几句关心的话，为他人设身处地想一下，这样就可以缓和许多不愉快的场面，不至于与朋友形成思想上的鸿沟，不至于让自己结怨树敌太多。

第六章

让男孩自信自强的10件事

换个角度看待自己

我们都知道，自信是对自己的高度肯定，是成功的基石，是一种发自内心的强烈信念。青春期的男孩更需要自信。一个自信的男孩，常看到事情的光明面，必能尊重自己的价值，同时也尊重他人的价值。因为自信是个人毅力的发挥，也是一种能力的表现，更是激发个人潜能的源泉。一个自卑的孩子往往不可能开朗乐观，这就从反面证实拥有自信与快乐性格的形成息息相关。男孩要让自己自信起来，就必须首先看到自己的长处、优点，并不断激励自己。

马克思说：“自暴自弃，这是一条永远腐蚀和啃噬着心灵的毒蛇，它吸走心灵的新鲜血液，并在其中注入厌世和绝望的毒汁。”自信心的确具有无可比拟的重要作用，许多人之所以失败，不是因为失败打败了他们，而是他们自己打败了自己，失败后的自卑心使得他们不敢争取，他们让自己陷入了自卑的情绪之中。这正如莎士比亚所说：“假使我们自己将自己比作泥土，那就真要成为别人践踏的东西了。”如果你认为你会失败，那你就已经失败了。

那么，男孩该怎样换个角度看自己、提高自我认识，从而挖掘出自己的潜力呢？

1.看到自己的长处

一般情况下，每个人都是根据他人对自己的评价和通过自己与他人比较来认识自己的长处和短处的。有的人，在与他人比较的过程中，多习惯用自己的短处与他人的长处相比较，结果越比较越觉得自己不如人，越比越泄气。只看到自己的不足，而忽视自己的长处，久而久之就会产生自卑感。

2.理性地看待别人对你的批评

对待别人的批评，我们要采取理性的态度，因为别人批评你是免不了的。如果你对别人的批评太在意，心理上就会很难过，越辩就越黑；如果你以理性的态度、开放的心情去接受，心情反而会坦然。

3.告诉自己：“我能行”

一个人的“认为”，就是心里对自己说的话，说自己不行的人，爱给自己说丧气话，遇到困难和挫折，他们总是为自己寻找退却的借口，这些话正是自己打败自己的最强有力的武器。说自己行的人，在积极心态的支配下，不论遇上什么困难和挫折，都能坚持到底，永不放弃。

挖掘潜力，正视你的优点

随着自我意识的不断建立，每个青春期的男孩都开始有了关于未来的构想，他们都希望自己能够出人头地，成为社会上的有用之人。但随着物质生活条件的改善，男孩受到了不同程度的娇惯，许多孩子在家庭教育的呵护下，反而形成了自卑、封闭、孤独的心境，甚至面对生活，丧失了应对挑战的信心和能力。尤其是在遇到失败、遭到挫折以后，面对“恶劣”的环境无精打采，他们以自己是个“不行”的人为理由，选择逃避，说明自己已无能力解决所面对的问题。男孩必须要树立信心，多经受生活的历练，方能发现自己非凡的才能，明白“天生我才必有用”的道理。

曾经，有一个叫哈伦德的小男孩，他五岁就失去了他的父亲。那时候，当周围的人开始为父亲的离去悲痛时，他还不知道什么叫生死，他觉得很好玩，还是和以前一样到处疯玩。

14岁那年，他辍学了，他回到了自己家的农场，但很快，他发现，干活其实和上学一样没意思。接下来，他还干过电车的售票员，但无论怎么样，他都觉得这不是自己想做的。

三年以后，他开了一个铁艺铺，生意还未完全做开就不得不宣告倒闭。

18岁那年，他第一次尝到爱情的滋味，但单纯的他被骗了，当他回到与昔日爱人一起建造的小屋时候，却发现，房子里的东西被搬迁一空，人也不见了踪影。爱情以迅雷不及掩耳的速度流失，码头从此成荒。

后来，他又卖过保险、做过轮胎推销，但最终都宣告失败，再后来，他还学着经营一条渡船、开一家汽车加油站，也失败了。

时间过得真快，一晃他已步入中年，他已落魄到从前妻那里看一眼自己的女儿都成问题。后来，他想到了一个自己都觉得不可思议的想法——绑架自己的女儿。在肯定了怎么做之后，他居然潜伏在女儿经常出没的某个地方十几个小时但最终没有动手。他觉得自己这辈子注定要一事无成了。就这样，他浑浑噩噩地又生活了一些年。

退休之年，一天，他收到了105美元的社会福利金，他用这点福利金最后开了一家想以此维生的快餐店——肯德基家乡鸡。后来的故事可想而知，如今，肯德基的分店已经开遍了全球。

天生我才必有用，哈伦德的故事就说明了这个道理。没有人的成功是一蹴而就的，家长也要让男孩明白这个道理，让他克服无用的心理，因为真正的男子汉是有勇气、敢作敢为的。

实际上，每个人都有独特性，没有谁是没用的。很多男孩总是认为“自己无用武之地”，但其实，人生是一个不断探索的过程，发现人生价值并实现它也是一个漫长的过程。

总之，男孩只有自信才能挖掘自己的潜力，才能有勇气正视自己的优点，也才能发挥自己的价值。勇敢、做事不畏首畏尾、相信自己才是真正的男子汉！

自信是成功的基石

日本“经营之神”松下幸之助，小时候在乡下看见农民洗甘薯，不仅觉得很好玩，而且还悟出了一番做人的道理。在乡下，农民用木制的特大号水桶，装满了要洗的甘薯，然后用一根扁平的大木棍不停地搅拌。在木桶里，大小不一的甘薯，随着木棍的搅动，忽沉忽现。有趣的是，浮在上面的甘薯不会永远在上面；沉在下面的甘薯，也不会永远在下面。甘薯总是浮浮沉沉，互有轮替。

洗甘薯是这样，生活何尝不是这样！松下深有体会地说：“这种沉沉浮浮、互有轮替的景象，正是人生的写照。每一个人的一生，不会永远春风得意，也不会永远穷困潦倒。这样持续不停地一浮一沉，就是对每个人最好的磨炼。”

松下在商界声名显赫，业绩辉煌，可是他的一生并不幸福：11岁辍学；13岁丧父；17岁差一点淹死；20岁不但丧母，而且得肺病几乎亡故；34岁，唯一的儿子出生仅6个月就病故；他一生受病魔纠缠，常常因病而卧床。这就是松下幸之助的一生。然而，每当他遭受打击与挫折时，就会想起乡下人洗甘薯的那一幕，于是，他百折不挠，越挫越勇，转败为胜，化危为安。

在人生道路上，困难和挫折是难免的，人生起起落落也无法预料，但是当我们遇到逆境时，千万不要忧郁沮丧，无论发生什么事情，无论你有多么痛苦，都不要整天沉溺于其中无法自拔，不要让痛苦占据你的心灵。逆境来临时，你要有勇气直面它、打倒它，以顽强的意志战胜它。

我们都知道，自信是对自己的高度肯定，是成功的基石，是一种发自内心的强烈信念。我们需要自信，无论在生活还是工作中，一个自信的人，常看到事情的光明面。同样，生活中的每一个男孩，也应该培养自己的自信心，自信的男孩到哪里都光彩夺目，为此，你要告诉自己：我是最棒的。拥有这样的信念，无论处于怎样的境地，你都能做到自强自立，都能有优秀的表现，都能挖掘出你意想不到的潜力。

自信使不可能成为可能，使可能成为现实。不自信却使可能变成不可能。自信才能带来自立和自强，一分自信，一分成功；十分自信，十分成功。

总之，人生是一场面对种种困难的“无休止挑战”，也是多事多难的“漫长战役”，这场战役必须由每个人自己去打，其他人是无法代替的。同样，对于成长期的男孩来说，无论是学习还是生活，你都必须自己面对，若总是缺乏主动性和信心，那么，你的这场人生之战是最终会失败的。

摒弃自卑，才能成为强者

美国历史上第一位荣获普利策新闻奖的黑人记者伊尔·布拉格，在回忆自己童年经历时说：“我们家很穷，父母都靠卖苦力为生。我一直认为，像我们这样地位卑微的黑人是不可能有什么出息的，也许一生只会像父亲所工作的船只一样，漂泊不定。”

布拉格9岁那年，父亲带他去参观梵高的故居。在那张著名的吱嘎作响的小木床和那双龟裂的皮鞋面前，布拉格好奇地问父亲：“梵高不是世界上最著名的大画家吗？他难道不是百万富翁？”父亲回答他说：“梵高的确是世界著名的画家，同时，他也是一个和我们一样的穷人，而且是一个连妻子都娶不上的穷人。”

又过了一年，父亲带着布拉格去了丹麦，在童话大师安徒生墙壁斑驳的故居里，布拉格又困惑地问父亲：“安徒生不是生活在皇宫里吗？可是，这里的房子却这样破旧。”父亲答道：“安徒生是个砖匠的儿子，他生前就住在这栋残破的阁楼里。皇宫只在他的童话里才会出现。”

从此，布拉格的人生观完全改变。他不再自卑，不再以为只有那些有钱有地位的人才会出人头地。他说：“我庆幸有位好父亲，他让我认识了梵高和安徒生，而这两位伟大的艺术家又告诉我，人能否成功与贫富毫无关系。”

可见，我们只有自己摒弃自卑，才会成为强者。

生活中的男孩大部分时间都生活在集体中，自然很容易把自己和周围的朋友、同学相比，当自己的某一方面不如他们的时候，自卑感油然而生，把这种不如人的想法积压在心中，甚至不愿意与朋友、同学相处。男孩，你可以这样帮助自己解除自卑的枷锁：

1.运用补偿心理超越自卑

这种补偿，其实就是一种“移位”，即为克服自己生理上的缺陷或心理上的自卑，而发展自己其他方面的长处，优势，赶上或超过他人的一种心理适应机制，正是这一心理机制的作用，自卑感成了许多成功人士成功的动力，成了他们超越自我的“涡轮增压”。

2.掌握一些消除自卑的方法

其实，每个人身上都有无法代替的优点和潜能，如果你懂得自我发现并发挥出来，那么，你就能自信起来。你不妨尝试以下方法：

想一想：对于挫折，你要换个角度来想，挫折和失败是对人的意志、决心和勇气的锻炼。人是在经过了千锤百炼后才成熟起来的，重要的是吸取教训，不犯或少犯重复性的错误。

比一比：与同学、好友相比，这没错，但不能只看到自己的缺点和不如人的地方，你要这样想，我虽说比上不足，但比下有余，及时调整心态，以保持心理平衡。不因小败而失去信心，不因小挫折而伤掉锐气。

走一走：到野外郊游，到深山大川走走，散散心，极目绿野，回归自然，荡涤一下胸中的烦恼，清理一下浑浊的思绪，净化一下心灵的尘埃，唤回失去的理智和信心。

只要去做，没什么不可能

福特汽车公司的创始人亨利·福特决定生产V8型引擎。这是一个创造性的想法，在当时，连底特律最杰出的工程师都认为这是不可能的。但亨利·福特下决心无论如何也要生产出这种引擎。他对那群一筹莫展的工程师们说：“只要去做，没有什么是不可能的。”

一年很快就过去了，工程师们几乎试了所有办法，就是无法攻破技术难关。他们找到福特再一次强调“这事根本不可能实现”。但福特并没有灰心，他命令工程师们继续去做。

半年又过去了，工程师们做了成千上万次的实验，回答结果仍然是：“根本行不通！”

“继续做，放心做下去。普通人看似不可能的事情最有价值可做，我不是普通人，你们也要超越普通人。”福特仍然没有放弃。

一年时间很快就过去了，工程师们还是没有任何进展。“继续做，”福特执著而坚定地说，“我就是要八缸引擎，一定要做到！无论如何要做到。”

终于，奇迹出现了，他们找到了诀窍，最终设计出了V8型引擎。“简直太不可思议了，我们成功了。”当工程师们击掌相庆时，亨利·福特也露出了欣慰的笑容。

在很多人看来，生产这种V8型引擎完全是不可能的，但福特却不这么认为，他认为“只要去做，就没有什么不可能”，而实践证明，他的话是正确的。

男孩，每个人都应该有自己的梦想，而你现阶段的学习也正是为了实现自己的梦想。但前提是，你要具备敢想这种品质，那么，不管你现在是否是一个学习成绩优异、深受父母与老师喜爱的学生，你都可以完善自己的现状，你也能把“不可能”变成“可能”，你也可以成为一个成功的人。

相信自己，赢得他人的信任

人生最大的缺失，莫过于失去自信。自卑只能自怜，自信赢得成功。相信自己，就是相信自己的优势，相信自己的能力，相信自己才能赢得他人信任。“没有得到你的同意，任何人也无法让你自惭形秽。”

相信自己，从而赢得他人的信任，这是任何一个军人必须做到的，因为只有互信才能为随时并肩作战而准备。这是军人的准则，也是任何一个男孩必须学会的处世智慧，只知退缩、抱怨的人，也许能获得一时的安逸，些许的心灵慰藉，但最终会付出更昂贵的代价。因为你不但没有赢得自信，也失去了他人的信任。

一个纽约的商人看到一个衣衫褴褛的尺子推销员，顿生一股怜悯之情。他把1美元丢进卖尺子人的盒子里，准备走开，但他想了一下，又停下来，从盒子里取了一把尺子，并对卖尺子的人说：“你跟我都是商人，只不过经营的商品不同，你卖的是尺子。”

几个月后，在一个社交场合，一位穿着整齐的推销员迎上这位纽约商人，并自我介绍：“你可能已经记不得我了，但我永远忘不了你，是你重新给了我自尊和自信。我一直觉得自己和乞丐没什么两样，直到那天你买了我的尺子，并告诉我我是一个商人为止。”

推销员一直把自己当作乞丐，不就是因为缺乏自信吗？不自信又怎么能让他的顾客相信他从而购买他的产品呢？而纽约商人的一句话，一语惊醒梦中人，让推销员找到了自信，并开始了全新的生活，从中我们不难看出自信心的威力。缺乏自信是我们无法取信于人的重要原因，它进而导致了我们事业不成功。

信任是一切人际关系活动的基础，而唯有自信，相信自己，才能赢得他人的信任。

从这一启示中，生活中的男孩们，你们应该有所领悟，任何人都不能代替你成长，只有自信，让周围的人信任，具备一个男子汉的品质，才能以饱满的精神状态迎接人生的挑战。

男子汉的自信需要不断储备

我们常说：“人无完人”，但每个人依然都有自己的长处和优点，但现实生活中，并不是每个人都能认识到这一点，都能做到不怀疑自己。而自信是一种认知的开始，因为透过自我观照，才能了解自己的专长、能力和才华。而事实上，很多男孩并不具备这种认知意识，更多时候，他们反倒显得自卑。但克服自卑并不是一朝一夕的事，男子汉的自信需要不断储备。

现实生活中那些自卑的男孩，在做好自身知识积累和经验储备的同时，也要培养自己的信心，立志让自己成为一个做大事的人。自信心的积累也需要一个过程，任何人都并不是在刚开始就能踌躇满志的，但无论如何，我们都要相信自己，肯定自己。因为自信走能出光明路，而相信自己的才华，是自信的开始。

很多的作家、明星、演员在未成名之前，都曾受到过冷落和轻视，但是有自信的人，却能够看淡这一切，继续走自己的路，没有人不是经过一番努力，才能获得成功；“天下没有白吃的午餐”，天下更没有“不劳而获”的事情，重要的是，你要有自信，并且相信自己。

畅销书作家刘墉，他的第一本书《萤窗小语》写完之后，没有一家出版社愿意出版，后来是自己花钱印刷出版，没想到却大受欢迎，连当初拒绝他的出版社都跌破眼镜。刘墉对自己今天的成就，他由衷地感谢那位退他稿件的出版商。他说：“幸亏他的退稿，我才有今天。”不过刘墉本人有另一个说法，他说：“当你站在这个山头，觉得另一座山头更高更美，而想攀上去的时候，你第一件要做的事，就是走下这个山头。”所以，今日的刘墉即使成功了，他仍然坚持他所坚持的，不会因别人眼光而改变，他认为一个人“眼光要放远，脚步要放大”。我想这就是自信。

的确，无论任何时候，唯有自己相信自己的才华，别人才可能相信你，自己若不放弃，别人又怎么能放弃你呢？“不要怀疑自己的才华”，这也是华裔女主播宗毓华的名言。她以一名华裔的中国女子跻身在人才济济的美国电视圈，不但当上电视台主播，还受到了大众的肯定，凭的就是自信和才华。唯有相信自己的人，才能在挫折连连的时候努力走出自己的路，不因别人而放弃自己。没有任何人可以放弃你，除非你先放弃了自己。

成功的收获过程，不仅是一个为成功积累知识和经验的过程，更是自信心不断储备的过程。从现在开始，从点滴做起，不断积累，储备自己的自信心吧！

赞美自己，随时为自己鼓掌

一位心理学家曾说:“不会赞美自己的成功，人就激发不起向上的愿望。”随时为自己加油往往能带给自己欢乐和信心。当你的信心增强了，它会鼓励你获得更大的成就，与此同时，你的自信心将会进一步增强。

现实生活中，许多人对自己缺乏信心，他们总是期望得到别人的掌声。对于这样的情况，一位成功者说:“别在乎别人对你的评价，否则，反而会成为你的包袱，我从不害怕得不到别人的喝彩，因为我会随时为自己鼓掌。”在人生的路途中，我们要保持思路清晰，随时为自己的壮志加油喝彩!

生活中有许多困难与挫折，面对这些困境，有些人总是不由自主地说“我不能……”在这样一种心理的影响下，他们不敢正视现实中的挑战，对自己缺乏信心，最后导致自己的潜力并没有得到充分地发挥。其实，许多人不能成功的原因就在于:缺乏自信，总是被“我不能”左右。所以，不妨试着把“我不能”埋在地下，相信自己，为自己加油鼓劲，用积极乐观的心态来面对一切，这样那些困难与挫折就会迎刃而解。

永远不要让“不可能”禁锢自己的手脚，对自己要充满信心，随时为自己加油，勇敢地向前迈一步，坚持到底，那么，“不可能”就变成了“一切皆有可能”，不可否认，为自己加油是找回自信的最佳途径。不断地为自己加油，告诉自己“我一定能行”，通过肯定自己来不断地增强你奋力向前的信心，从而获得成功。

男孩们，无论是生活中还是工作中，我们都难免会遭遇到坎坷、曲折、磨难，这时，我们会感到痛苦、迷茫，但是，这些都不是最可怕的，可怕的是自己先否定了自己，自己摧毁自己。

所以，在这关键时刻，更需要相信自己，为自己加油，要坚信命运的钢匙永远掌握在自己的手中。摔了跟头，应该立即爬起来，为自己鼓劲，为自己喊声“加油”；当我们取得一次小收获的时候，应该对自己说“我真棒”；当困难来临的时候，记得给自己打气，对自己说“我定能行”。那些能为自己加油、喝彩的人，他们一定会成为生活中的强者。

每天给自己积极的反馈

美国心理学家博恩·崔西曾经说过：“潜意识对于一个人的作用，可以产生三万倍的力量。”那么，究竟什么是潜意识？私以为，是你意识不到的地方，是你内心深处不能轻易被察觉的地方，更是你真正信仰，奉之为根本所在的领域。

有人说，既是不易被察觉，不易被意识，又如何做到激发潜意识呢？私以为，激发自我潜意识最好的方法，就是学会心理暗示。暗示自己一定可以，暗示自己是最棒的，一步步地，你就会变成你想要的样子。

拳击界里有一个传奇，他从12岁开始走上拳击的道路，一直打到了生命的尽头。他的一生，获奖无数，受万人景仰。他就是拳王阿里。有人问拳王他的成功秘诀是什么？该怎么训练才会跟他一样勇猛。而他的答案，简单得超乎你的想象。他告诉众人：第一，他要求自己每一拳打出去，都要比上一拳更有力；第二，不论在任何环境下，他都相信自己应付得来，他相信自己永远都是最棒的。

他是这么说，也的确是这么做的。在训练的时候，不管用什么样的训练方法，遇到任何老师给予的不同比赛理念，他都要求自己一定要做到一点：“每一拳打出去，都要比上一拳更加有力。”在比赛的时候，熟悉他的观众都知道，每次比赛之前，他都会对着镜头大喊：“我是最棒的，我是不可战胜的，我是冠军。”而他的成绩，恰恰也都证明了这一点。

由此，亲爱的男孩，无论你相信与否，积极的心理暗示总是会对一个人的进步与成功产生非常重要的作用。每天坚持重复给自己正向的反馈，告诉自己是最棒的，告诉自己今天不会失败，告诉自己一定会成功。久而久之，你每天的这些正向反馈就会帮你塑造出越来越强大的气场，帮助你成为更好的自己，直到成为你梦想中的样子。

人生中所有的伟大，拆解下来都不过是一点一滴的修正；所有更好的自己，拆接下来也都是由之前的自己，一点一点变换而成。所以，不要以为事情有多难，或者人云亦云地感慨人间不值得。人间到底值不值得，只有你经历了，得到了，了解了，你才能够真的知道。由此，亲爱的男孩，从现在开始，每天坚持早起，每天进步一点点，每天给自己积极向上的心理暗示，每天给予自己正向的反馈，终有一日，你也可以成为你想成为的那个人。

告诉自己“没有什么不可能”

任何成功都是从一个简单的观念出发的。要相信自己，肯定自己，别人能做到的，你也一定能做到。只要有无限的热情，几乎没有一样事情不可能成功。男孩，如果你想成为一个男子汉，就要自信一点，要记住，没有什么不可能，只有不敢想、没有不敢做的事。

的确，生活中，很多男孩充满理想，但一旦把自己的理想和现实联系起来的时候，就认为不可能，而这种“不可能”，一旦驻扎在心头，就无时无刻不在侵蚀着我们的意志和理想，许多本来能被我们把握的机遇也便在这“不可能”中悄然逝去。其实，这些“不可能”大多是人们的一种想象，只要你能拿出勇气主动出击，那些“不可能”就会变成“可能”。

男孩，每个人都应该有自己的梦想，而你现阶段的学习也正是为了实现自己的梦想。但前提是，你要具备敢想这种品质，如此，不管你现在是否是一个学习成绩优异、深受父母与老师喜爱的学生，你都可以完善自己的现状，你也能把“不可能”变成“可能”，你也可以成为一个成功的人。为此，你需要明白以下几点：

1.对自己要有信心

很多时候，不是因为有些事情难以做到，而是你没有信心，只要你有信心，没有什么事是不能做到的。把“不可能”从你的词典中删去吧，即使我们真的碰到了“不可能”，我们也应该这样想：“不是不可能，只是暂时还没有找到解决问题的方法。”在成功者的眼里，越是不可能做成功的事，越可能成功。

2.敢于想象，编织梦想

任何一个人要想成功，就必须敢于想象，也就是你希望自己成为一个什么样的人，如果现在的你每天对着书籍和课堂都浑浑噩噩，那么，你就只能注定是一个浑浑噩噩的人。

3.下定决心，付诸行动

成功的第一个秘诀就是要下定决心。当一个人决定一定要成功的时候，他的潜能才可以真正被激发出来。否则，即使你的理想再超前，行动也始终是滞后的。也就是说，男孩，你们要认识到，如果你有理想、有信念，你就必须从现在开始，找准自己前进的方向，并脚踏实地地去为自己的理想奋斗！

4.面对问题，再坚持一下

当你遇到难题或困难时，永远不要让“不可能”束缚自己的手脚，有时只要再向前迈进一步，再坚持一下，也许“不可能”就会变成“可能”。而成功者之所以能成功，就是因为他们对“不可能”多了一分不肯低头的韧劲和执着。

第七章

让男孩有担当的10件事

男孩要学会负责任、有担当

1968年的世界奥运会是在墨西哥举行的。在男子马拉松比赛场地，发生了这样一件事：

发令枪声在4小时前已经响过，所有获奖的选手早也跑到终点、拿到了奖牌，甚至庆祝的典礼都结束了，但在赛场上，却依然有一个孤独的身影，那就是塔萨尼亚的一个选手艾哈瓦里。此时，很多观众已经离去了，他双腿缠满绷带，但还是缓慢地迈向终点。

这一切都被世界级纪录片制作人格林斯潘看在了眼里。他很好奇，是什么驱使这样一个年轻人这样做。于是，他走过去问艾哈瓦里：“你在比赛途中受了伤，完全有理由放弃比赛，却为什么要这么吃力地跑至终点？”

艾哈瓦里回答说：“我是代表我的祖国来参加奥运会，不是来参加比赛，而是来完成比赛的。”

在奥运会的历史上，艾哈瓦里虽然没有获得任何名次，但他的名字比冠军更响亮。

作为一个奥运会选手，艾哈瓦里身上担的是他的祖国、他的人民赋予的责任。比赛中，即使遇到再大困难，他也要坚持跑到终点，只有这样，才是对人民、国家负责。即使他没有获得任何名次，但他的这种责任意识却让人们深深记住了他。一个人如果养成了高度的社会责任心，对国家、对社会和对他人负责，自然也就能摆正个人利益与社会利益的关系，从而达到应有的道德境界。

每一个男孩都是未来社会的主人，只有积极把责任心的培养融入日常生活，才能在未来担起家庭、社会乃至国家的责任，才能成为一个合格的社会人、一个真正的男子汉。

男子汉做事不找借口

人生在世，每个人都必须具备责任感，这不仅是对他人负责，也是对自己负责。而借口与托词，则是责任的天敌。对于男孩来说，责任心更为重要，因为在未来，他要承担更多的社会与家庭责任，一个成熟的男人，必须把责任心放在第一位，任何一个成长期的男孩，都要学会毫无借口地行事。而现实生活中，缺乏责任感的青少年并不少见。他们在做一件事情不成功或者被批评的时候，总是会找种种的借口告诉别人，因为他害怕承担错误，害怕被别人笑，或者只是想得到暂时的轻松和自我解脱。这样的男孩又怎么能真正成熟呢？又怎么能独当一面呢？

的确，学习和生活中，你总会遇到一些困难，并且，有时候这些困难是客观存在并不以人的意志为转移的，但是你却可以通过自身的努力来克服它。你并不能等所有的外部条件都完善了再开始着手做事，你能做的唯有立刻行动，不找任何借口。

1952年，在美国堪萨斯州托皮卡的奥利弗布朗黑人夫妇向法院提起诉讼，要求托皮卡教育委员会允许他们的孩子能和白人学生们享有同等的教育权，能在原本为白人创办的学校一起读书，不过判决显示，他们败诉了。

1954年，原告布朗再次提起诉讼，上诉到联邦最高法院，同时，一组分别来自堪萨斯、南卡罗来纳、弗吉尼亚和特拉华四州的关于中小学种族隔离教育的案件也上诉到联邦最高法院，联邦最高法院合并审理了包括布朗诉托皮卡教育委员会案在内的六个案件，并做出原告胜诉的最终判决：在公立学校中实行种族隔离是不平等的，是违反宪法的；公立学校应实行黑白合校。

布朗案的顺利执结，宣告美国黑人学生与白人从此享有同等的受教育权，它为后来几十年美国在种族平等问题上取得实质性的进展奠定了基础，推动了社会的进步，在司法推动人权发展的宪政史上写下重要一页。同时，美国调动军队协助法院执行的做法也得到人们的一致称赞和推崇，在世界司法执行史上是重要的一个里程碑。

这次美国历史上带有划时代意义的执法事件，给我们每个人都上了一课：无论做什么，一旦决定做，就要做好，不找任何借口，这才是勇者的表现。

任何一个男孩都要明白，借口永远是弱者的象征，也是弱者的第一武器。因此，当你发现自己正在寻找借口时，赶紧控制自己，悬崖勒马。将你的精力转到如何才能最好最快改变局势、解决困难上！

对此，男孩，你必须要明白，要做个成功的人，就必须要有成功的心态：不为自己找任何借口退缩，而是勇敢向前。

1.摆正态度，把责任心放在第一位

的确，没有人愿意主动失败或者出错，这也是很多人的借口。但一个对待工作不小心、不认真的人又怎么能够把工作完成得圆满出色呢。也就是说，不管你做什么事，摆正态度，才能减少失败出现的可能。

2.不要试图让别人为你承担失职的责任

有些不负责任的孩子在事情出现问题时，首先考虑的不是自身的原因，而是把问题归罪于外界或者他人。这样的做法，不仅会让你养成推脱责任、而不是找解决问题的方法的习惯，还会影响你的人际关系。

总之，如果你有找借口的习惯，那么，请彻底把借口从你人生的字典中剔除，不要再做只想“如果”的人，而是做一名只想“如何”的人。“如果”和“如何”虽只是一字之差，但却代表两种迥然不同的态度，“如果”只会让你推脱责任，逃避困难；而“如何”是一种积极的思维方式，它会令人从失败中找根源，会积极寻找更有效的办法和措施来解决问题。

遇事不逃避，勇敢担起责任

责任，对于任何人来说都是不可推卸的，它体现了一种社会必然性。人活着，就意味着要承担责任。一个责任心强的人，即使经受再大的困难，也不会抛下责任。每一个青少年阶段的男孩，在未来都要承担更多的责任，只有现在就积极把责任心的培养融入日常生活，才能在未来担起家庭、社会乃至国家的责任，才能成为一个合格的社会人。

一个少女到东京帝国酒店做服务员，这是她涉世之初的第一份工作。但她万万没有想到上司安排她洗厕所！上司对她工作质量的要求特别高：必须把马桶抹洗得光洁如新！怎么办？是接受这个工作？还是另谋职业？一位前辈看到她的态度犹豫，不声不响地为她做了示范。当他把马桶洗得光洁如新时，他竟然从中舀了一碗水喝了下去！前辈对工作的态度使她明白了什么是工作，什么是责任心，从此她漂亮地迈出了职业生涯的第一步，并踏上了成功之路。自然，她所清洗的厕所，一向光洁如新，她也不止一次地喝过马桶里的水。几十年一瞬而过，如今她已是日本政府的邮政大臣。她的名字叫野田圣子。

生活中的男孩，如果是你，你敢从你洗过的马桶中舀水喝吗？在工作中追求完美，这也是工作责任感的体现。

的确，一个人如果养成了高度的社会责任心，对国家、对社会和对他人负责，自然也就能摆正个人利益与社会利益的关系，从而达到应有的道德境界。

可见，对于处于成长期的男孩来说，要想把自己历练成为一个成熟的社会人，就要从现在起，开始担起各种各样的责任，对此，你需要做到：

1.学会去帮别人分担一些忧患

当然，这种分担要在自己能够承受的范围内。例如，在家庭里我们要担当起作为家庭一分子的责任，在班级里要担当学生的责任，在国家要担当公民的责任……

作为孩子，你应开始学会为父母分担忧愁，即使有时候你并不能帮上什么忙，但你的关心也会让他们舒心很多；而在学校，作为学生的你，你是集体的一分子，你就有责任维持集体的秩序，努力学习；课下，你还是一个社会人，看到不公平的社会现象，你也有责任制止……

2.努力学习，对自己负责

在这个社会上，每个人都肩负着自己的责任。做好自己的本职工作，不仅是对他人负责，更重要的是对自己负责。作为学生的你，现阶段的任务就是努力学习，只有充实自身与内在，才能做到有担当，才能在未来做好社会赋予的工作，才能达到自我价值的体现。

3.关心国家，关心社会

我们都生活在一个大集体中，那就是国家和社会，有国才有家，每个男孩也都懂得这个道理，那么，从明天起，不要只关心自己的学习或者只关心最新流行元素了，多关心国家和周围发生的时事吧。

总之，你需要记住的是，一个逃避责任的人注定失败，而一个勇敢承担责任的人，即使没有傲人的成就，也是一个生活中真正的强者，一个真正的人，真正的赢家。

冷静思考，找到解决问题的办法

一天，司马光和一些小孩玩捉迷藏。有个小孩不知躲在哪里，看见那有个大缸，便眼珠子一转，踩着假山想进去。结果一看，里面有水，刚想躲别的地方，但脚一滑掉了进去。他大声喊救命，小孩们听到了，有的喊大人救命，有的大哭起来。司马光一点也不惊慌。他灵机一动，想出了个好办法，拿起身边的大石头，用尽全身力气，向大水缸砸去。大水缸破了，水流了出来，小孩得救了。这就是流传至今的“司马光砸缸”的故事。这件偶然的事件使小司马光出了名，东京和洛阳有人把这件事画成图画，广泛流传。

这里，司马光为什么能做到急中生智救出同伴呢？这就是冷静思考的结果。看完这则故事，男孩，不妨试想一下，如果你也遇到这种情况，你会怎么做呢？可能你也会和故事中的其他孩子一样，要么喊人救命，要么大哭，而只要你冷静下来思考一下，其实就能找到最有效的解决办法——砸缸。

的确，很多时候，如果你把精力都放在问题本身上，就很难发现解决问题的办法。而实际上，在困难面前，如果我们不找借口，而是挖掘如何解决问题的方法，你会发现，人的潜能是无限的。而我们发现，生活中，对于一些男孩来说，那些困难很容易成为他们懒惰、放弃、改变目标的借口，一段时间后，他们又会因此而自责。这种消极情绪一旦循环，就将会限制你的能力的发展。

内心有责任感，心才有归属的暖巢

2002年获诺贝尔和平奖的美国总统吉米·卡特在读中学的时候，班主任朱莉娅·科尔曼小姐关爱她班上的每一个学生。她告诉他们："我们应该随着时代的变迁而调整自我，但是我们信守的原则是不变的。"朱莉娅小姐当年所要告诉学生们的是，我们应该时时分析新情况，然而无论是在选择相守终生的伴侣还是在艰难时刻、考验时刻或是遇到诱惑须做出困难的决定时，我们都不仅要适应这些新的挑战，还应该坚守我们所学到的某些原则，例如公平、正直、忠诚等。

长大以后，卡特对朱莉娅小姐的话有了更深的理解，并始终坚守从朱莉娅小姐那里所学到的基本原则。

在总统就职演说中，他引用了朱莉娅小姐的话："随着时代的变迁而调整自我，但信守不变的原则。无论我们面临着多么大的困难，我都决心让我自己和美国人民信守真正的正义与真理的信仰。"

吉米·卡特总统善于反躬自省，总是乐于面对自己的缺点，并设法自我改正。卡特十分勤奋而又自律，同时坚信积极思考的力量。"他是个最守纪律的人"，吉米的朋友们众口一词地这样评论他。

卡特对那些没有尽最大努力的人常常不能容忍。在他任州长时，有一次，他因公和一位佐治亚州的专员同机外出。早晨7点钟，卡特已在飞机上等候了，只见那位专员正匆匆忙忙地从亚特兰大航空站的跑道上奔跑而来。这时飞机正好滑行到跑道上，卡特虽然看到了那个人，还是命令驾驶员准时起飞。"他不能按时到达这里，这实在太遗憾了。"他厉声地说。

卡特之所以能得到美国人民的好评，就是因为他一直记住当年茱莉亚小姐的那句话："随着时代的变迁而调整自我，但信守不变的原则。”正是这样的责任心和信仰使他能做到坚持遵守纪律，坚持自己的原则，并努力做到最好。

一个人，只有内心有责任感，心才有归属的暖巢，才会有良好的精神状态。一个人，如果他有了积极向善的精神状态，那么，即使他身处逆境，他也不会感到恐惧，也总是心存希望，不会放弃，能够坦然面对困难，并积极寻找解决问题的办法。同时，也只有责任感，让我们坚持做人的原则，而不至于在社会大潮的洗礼中倒戈。

敢于担当，让男孩成长为男子汉

我们都知道，人是一种社会性的动物，责任是一种对人的制约。所谓责任心，是指个人对自己和他人，对家庭和集体，对国家和社会所负责任的认识、情感和信念，以及与之相应的遵守规范、承担责任和履行义务的自觉态度。每个人都肩负着责任，对工作、对家庭、对亲人、对朋友，我们都有一定的责任，正因为存在这样或那样的责任，才能对自己的行为有所约束。社会学家戴维斯说：“放弃了自己对社会的责任，就意味着放弃了自身在这个社会中更好的生存机会。”

在一个人的成长过程中，每个人所要学习的东西很多很多。其中学会承担责任，是男孩人生成长过程中必经的一个重要步骤，是人生旅途中非常重要的一堂课。

一天，某户人家的门铃响了，开门的是男主人公汤姆。

汤姆发现，一个大概十来岁的小男孩站在门口，并且，他开始自我介绍：“你好，先生，我的名字叫亨利。”然后，他指着斜对面那栋漂亮的房子，告诉汤姆那是他家。

然后他问：“我可以帮你剪草坪吗？”汤姆打量了一下这

个小男孩，他身材瘦小，他再看看自己家的花园，有前后院，还有个大的草坪，不过，既然是他主动要求做，就点点头说："好啊！"

随后，男孩很高兴地推来剪草机，开始工作。他把笨重的机器推来推去，剪得相当整齐。

等他剪完所有的草后，按照事先说定的金额，汤姆给了他10美元的报酬，但汤姆很好奇的是这小男孩为什么要挣钱。对此，男孩说："上个星期我过生日，爸爸送我半辆自行车，我要赚另一半的钱。如果下个星期再让我给你剪草坪，我就可以去买了。"

从那以后，汤姆家剪草的工作就被男孩承包了。慢慢地，附近几家的草地也都包给他去做……

责任心对于一个男人来说至关重要。男人最重要的品质就是责任感。事业有成者，无论做什么，都力求尽心尽责，丝毫不会放松；成功者无论做什么职业，都不会轻率疏忽。这就是一份责任。从小学会一种勇于担当责任的品质，才会把男孩培养成一个真正的男子汉。

男孩，要让自己成为一个受人尊重的人，你就必须明白什么是一个男人应该承担的责任，你需要明白的是：

1.责任不是挂在嘴边的

责任不需要整天挂在嘴边，这是一种意识，男孩要明白，在遇到事情的时候必须承担后果。男孩从小学会"担当"，长大了自然就会有责任心。

2.心中有爱，关心他人，善待他人

这是培养自己对社会的责任心的基础。比如，要主动关心老人、病人和比自己小的孩子。父母生病的时候，要学会照顾父母；要记得父母的生日并给他们送上一份生日礼物。

3.做事有始有终，为自己的行为负责

男孩与女孩不一样，男孩不会"安分守己"，好奇心强，什么都想去摸摸，去试试，但是随意性也很强，经常做事虎头蛇尾或有头无尾。所以男孩，你要学会督促自己，做事要做有始有终，以便培养自己持之以恒、认真负责的好习惯。

改正错误，为自己的行为负责

曾经，有一个11岁的小男孩，他在踢球时，不小心将球直接射进了邻居家的窗户，打碎了他们家的玻璃。为此，小男孩和邻居协商好，他必须向邻居赔偿13美元。这可是一笔不小的数字，小男孩为此很苦恼。

最后，他决定求助于自己的父亲，但没想到的是，父亲居然让他自己想办法。

“我哪有那么多钱赔人家？” 男孩非常为难。

“我可以借给你。”父亲拿出13美元，“但一年之后你必须还我。”

于是，为了偿还父亲借给自己的13美元，男孩开始了艰苦的打工生活。经过半年的努力，他终于挣够了13美元这一“天文数字”，还给了父亲。

这个男孩就是日后的美国总统里根。他在回忆这件事时说：“通过自己的努力来承担过失，这使我懂得了什么是责任。”

这里，我们发现，年幼时候的里根总统通过“足球事件”获得了成长，一个敢于担当的男人才能真正获得他人的尊重。

承担责任的品质要从小培养，一些男孩认为自己还是学生，年纪还小，便会为没完成作业、没有取得好成绩而找借口，就这样，一个又一个堂而皇之的借口编织了原谅自我和存在合理的误区，以致轻易滑过了一次又一次“改正、改善、改造”的机会。君子错了就会自己承认。只有一经发现过错，就勇于改正，这才是真学问、真道德。

总之，一个真正的男子汉不仅是一个勇者，也是一个能屈能伸、能为自己行为负责的人。为自己的行为负责，这是男孩责任心培养的重要方面，是男孩担当家庭责任、社会责任的前提！

使命在身，必须肩负重任

很久之前，有这样一位农民，他家里生活比较贫困，所以经常要去砍柴，然后翻过很多大山去集市上卖掉。得到的钱不仅要养活家人，还要供自己的孩子上学。

转眼假期来临，这位父亲想要儿子懂得吃苦精神，于是带着儿子去卖柴。但儿子很不情愿才答应了他，但挑了三天，儿子累得再也不动了。

没有办法，父亲只能自己继续这养家的工作。可是想不到的是，有一天这位农民病了，家里已经穷得叮当响。儿子没有办法，终于主动地挑起了生活的重担，每天天不亮，儿子学着父亲的样子，上山砍柴，然后拿到集市去卖，一点也不觉得累。

父亲看在眼里，疼在心里，“儿子，别累坏了身子！”父亲又喜又爱地看着儿子忙碌的身影对他说。这时，儿子放下手头的工作，说：“父亲，我这些日子来一直有个奇怪的感觉，一开始的时候你让我锻炼干活，其实担子相比较是很轻的，但是我觉得累得不行，但是现在我挑得越来越重，相反倒觉得担子越来越轻了，这是什么原因呢？”

父亲笑了，说：“两个原因，一是你身体承受的能力经过锻炼越来越好，所以你觉得轻。另外一个也是更重要的一个原因是，由于你主动去承担这份责任，你成长了，这担当便是你最大的力量。你的体力加上你勇挑重担的勇气，当然会使你觉得担子轻了。”

故事中的儿子挑起了家庭的重任，他把这份孝心和责任当作自己的使命，从而更加懂得这份努力的分量有多大。使命在身，所以必须要肩负重任。

事实上，绝大多数人生下来都是一样的平凡而普通，如果你毫不挣扎地接受这种安排，那么你未来的发展肯定会由别人来主导，你将失去自主的权利；如果你认识到自己的使命，能够以对自己负责的态度去不断地超越自己，改造自己，那么你有一天必能一鸣惊人，成为世人羡慕的佼佼者。

1.不要甘于平凡，相信自己

我们的潜力超过自己的想象，只是许多时候，我们还没有被逼迫着挖掘和发挥出自己最大的能力。甘于平凡，你将归于平凡，而不甘于平凡，相信自己，扛起肩负的责任，那么你就能发挥出更大的潜能。

2.为自己的前途不懈努力

男孩，我们都怀揣着梦想，希望自己能成为自己梦想的那个人，为了这份梦想，我们必须坚定意志，不懈努力。没人能随随便便就成功，既然我们身负着成就自己美好明天的这一份使命，那么抓紧行动起来。不要懒惰，也不要怯懦，让自己扬帆远航吧!

男孩，要独立负担起自己的使命，最基本，也是最应该做到几点就是：生活应该学会自理，自己的事情要自己去做，自己的时间要知道怎么去合理分配，自己的错误要懂得自己去承担面对，自己的冒险行为需要自己承担后果。

要成为一个男子汉，就要从小培养独立意识，就要勇敢地面对在成长过程中遇到的任何事情，也要主动、积极地承担起自己的各种责任。

言而有信，做有担当的男孩

诚，是精诚所至，金石为开的坚定；信，是滴水穿石，百川入海的无悔。自古以来，诚信是先辈教导我们一代代中华儿女做人的准则，是中华儿女不变的敬仰，是人而为人永久的真谛。如果失去了诚信，那就失去了做人的根本。男孩，做一个言而有信的人，一个对自己言行负责的人，这样你才会赢得更多的尊重和信赖。

《韩非子·外储说左上》曾记载过一个关于诚信的故事。有一次，曾子的妻子准备去赶集，由于孩子哭闹不已，曾子妻子许诺孩子回来后杀猪给他吃。曾子妻子从集市上回来后，曾子便捉猪来杀，妻子阻止说："我不过是跟孩子闹着玩的。"曾子说："和孩子是不可说着玩的。小孩子不懂事，凡事跟着父母学，听父母的教导。现在你哄骗他，就是教孩子骗人啊。"诺言是不分男女和老少的，所有的诺言，只要遵守就可以了。如果我们做出承诺，但是由于难以抗拒的原因不能履行诺言时，应尽早向对方说明，并真诚地向对方道歉。

男孩，在生活里，我们会碰到各种各样的问题，但是我们一定要保持自己做人的本性，讲诚信。不能以欺骗作为手段，说过的事情一定要做到，不能说谎。要做到言必行，行必果，这样才能获得他人信任。

汉朝年间，有个叫陈实的人。他为人正直，为官清廉，深受百姓的爱戴和好评。后来，陈实返回了故里，当地的官员、乡邻村民们都非常敬重他。

有一次，他与一个友人会面，酒足饭饱之后，两人决定一同远游；他们约定，次日午时在陈实家门前的大槐树下再次见面。

两位友人为了表达各自的诚信，他们还在槐树前立了个高高的木杆。如此之后，两人才揖手作别。

次日，陈实提前来到了木杆前，等了一段时间，眼看着木杆底端的黑影渐渐东斜，午时已过。这时，陈实猜想友人是另有他事而不能同行，或是已经提前出发了，于是就上路了。

然而，就在陈实走了之后，他的朋友到了，左看右看，却不见陈实的影子，当时就气不打一处来，非要到他家去看个究竟、问个明白。一到陈实的家门口，正看见陈实的长子在家门口玩耍。于是，他便指桑骂槐，又像是自言自语地说道："真不是人哪！跟人约好一块出门的，却又等不到人。"当时，陈实的长子刚刚年满七岁，是一个人见人爱、非常懂事的孩子。等他父亲的友人数落完后，就说："您与我父亲约定在午时，午时不来，就是无信；对孩子骂他的父亲，就是无礼！"

那友人当即羞愧万分，想下车解释，小孩儿却头也不回地进屋去了。

男孩，言而有信是我们必须恪守的准则，显然故事中陈实的友人却没有做到这一点，以至于连七岁小儿都十分厌恶和鄙视他。男孩，想要赢得他人的尊重和喜爱，就要懂得言而有信，做一个有担当的人，对自己的言语负责。

努力学习，不辜负父母的辛劳

男孩，静下心来，想一下这个问题：你是否去父母工作的地方看过？你是否懂得父母的辛劳？你是否总是跟父母提出一些不合理的要求？你是否懂得什么是长大？你是否懂得自己去做一些力所能及的事情？这些都是生活中一些常见的问题，但是却非常值得我们反思。总之，我们要懂得提升自己的生活能力，不要老是依赖父母，要懂得体贴父母。

周五放学回家，亮亮就迫不及待地跑到爸爸面前说："爸爸，给我买一辆山地车吧，我今天已经看好价钱了，不贵，还不到一千块，我很喜欢。我的好朋友王晨的爸爸上周已经给他买了，骑着真爽啊！"听完亮亮的话，爸爸半天没有作声，过了一会儿才说："亮亮，家里的情况你又不是不知道，你奶奶已经生病住院半个月了还是不见好，已经花了不少钱，家里没有多余的钱来给你买山地车了。"一听爸爸的话，亮亮就不乐意了："不就是几百块钱吗，爸爸，你就算再没有钱，这点钱还是能拿出来的吧。你要是没有足够的现金的话，直接把你的信用卡给我就可以了，我可以刷卡。"听完亮亮的话，爸爸愣住了，这孩子根本不知道钱是怎么来的，一点也不体谅家人的辛苦，还要超前消费。爸爸暗暗叫苦，都怪自己平时生怕苦着孩子，所以到现在孩子压根不知道钱是怎么来的，看来不能再这样下去了。

生活中这种情况真的非常多，许多孩子会跟父母提一些超乎想象的要求，可是自己根本不知道父母背后的辛酸！总是理所当然地跟父母索要，根本不在乎钱是怎么来的。久而久之就变得自私、任性、好逸恶劳，也不懂得感恩。

其实，男孩应该去看看钱是怎么挣来的，看看父母工作时的状态是怎样的。当家长的在自己工作的场所，恐怕就不像在家里那么随心所欲了。作为公司的职员，有时还得饿着肚子加班。只有在这里，男孩才能看到父母的另一面。相信很多男孩会明白自己的父母之所以饿着肚子工作，就是在为了全家而努力。即使当时自己没有这么想，多年以后的某一天，这个场景也会在自己的脑海中浮现出来。

没有人会无缘无故给你钱花，父母通过自己的汗水为我们提供好的生活，我们要懂得感恩与知足，同时也要懂得用自己的能力去报答他们，多为他们做一些事情。其实，如果条件允许的话，男孩真的可以到父母工作的场合参观一下，看看父母的工作环境，让他看看父母在工作中操劳的身影，这样才会加深男孩的认识，让自己真正地体会到，爸爸妈妈挣钱真的很不容易，自己要好好努力，不辜负父母的辛劳。

尊老爱幼是中华民族的传统美德，我们要从小养成尊重长辈的好习惯。男孩，现在你们的性格处于叛逆阶段，很多男孩有不尊敬父母，甚至和父母吵架的恶习。希望有这种行为的男孩能够懂得父母的付出，努力学习，尊敬父母，倾听父母的心声，牢记父母的养育之恩。

第八章

让男孩快乐幸福的10件事

少一些比较，多一些开怀

一年一度的学生年度表彰大会又来了，很多家长也都如约而至。陈女士就是其中一位，而且，她的儿子阳阳是这次受表彰的学生之一。陈女士感到高兴的是，儿子一直是同学和朋友中的佼佼者，这次，他那些“死党”中，儿子也是唯一的受表彰者。原本，陈女士担心，儿子的这些朋友会因此而不高兴，但在会上听到这段对话后，她心里的一块大石头终于落下了：

阳阳好奇地问同桌晓晓：“你不讨厌我吗？”

“我为什么要讨厌你？你是我最好的朋友啊。”

“我的意思是你应该讨厌我，每年这个时候我都不愿意参加，因为我拿奖的那一刻，我怕会失去很多朋友。”

“你认为我牛晓晓是那样的人吗？‘既生瑜何生亮？’也许很多人都这样感慨，但你知道那种小肚鸡肠的嫉妒心理我是没有的，放心吧。你拿奖，受表彰，我应该替你高兴嘛，我朋友优秀，我心里也高兴得不得了。”

听完晓晓的话，另一个男孩也开玩笑说：“真正的朋友就是有福同享、有难同当，你的荣誉就是我们的荣誉嘛，那今天晚上阿姨肯定给你做大餐，我有口福了。”大家都笑了。

在领奖台上，阳阳说：“感谢我的老师、爸爸妈妈，还有我最铁的几个朋友，我感谢他们的理解，我们要一起努力……”

每个人都生活在一定的人际范围内，都会不自觉地将自己与他人做比较，当发现自己在才能、体貌或家庭条件等方面不如别人时，就会产生一种羡慕、崇拜、奋力追赶的心情，这是上进心的表现。但有时也会产生羞愧、消沉、怨恨等不愉快的情绪，这就是人的嫉妒心理。

一些男孩在面对比自己优秀、比自己成功的朋友时，会产生心理不能平衡，“和他做朋友，感觉自己像个小丑一样，简直是他的附属品”，这种心理很多孩子都有过。心理学家指出，如果我们不加以控制盲目比较的心理的话，轻则会影响到我们的心理健康、严重的甚至会让我们产生心理疾病。而只有做到少一些比较，才能多一些开怀。

乐观的男孩能看到乌云后的太阳

有一天，在某个公交站牌处，一个小男孩和妈妈起了争执。

小男孩有点生气地对妈妈说：“我就要去海边玩，为什么你不让我去！”

妈妈劝他：“不是早说过了吗，今天出太阳了咱就去，但今天没有出太阳啊，而且天气预报说还可能要下雨呢，还是改天再去吧。”

“妈妈骗我，今天出太阳了……”

妈妈笑了起来，问道：“哪里有啊，不要骗人，你说说，太阳到底在哪儿。”

小男孩抬起头来，东看看西瞧瞧，然后指着天空喊：“那不是在那儿嘛。”

“没有啊，那只是乌云而已呀。”

“对呀！”没想到，小男孩一副非常认真的样子，“太阳就躲在乌云的后面呢，等一会儿乌云一走开，不就出来了吗？”

听到小男孩的话，所有等车的人都笑了。

对于积极的人来说，太阳每天都在天空中，虽然有的时候我们看不见它，那是因为它正躲在云的后面，而乌云总有散开的时候，正如阳光总在风雨后。

生活中的男孩，乌云密布的时候，你是怎样看待的呢？如果你也能看到乌云后的太阳，那么，你就是个积极的人。

乐观就像心灵的一片沃土，为人类所有的美德提供丰富的养分，令它们健康地成长。它使你的心灵更加纯净，意志更加富有弹性。一个乐观开朗的人，无论面对什么样的生活，都有能力重新开始，即使在地狱中，也能重新走入天堂。对于任何一个人来说，这是比什么都重要的财富。

任何一个十几岁的男孩，都要在这个人生阶段培养自己开朗、乐观的性格，这样，你的积极不仅会感染他人，让你更有魅力，还能帮你坦然面对未来人生路上的种种困难。

转换思路，你的人生将不一样

有两则故事：

一则讲的是美国为宇航员研制太空舱专用笔的故事：众所周知，在太空低温失重的状态下，宇航员在太空舱里用墨水笔写不出字。美国太空总署为了解决这个问题，专门拨出一大笔科研经费，组织了一批科研人员攻关，花了很大代价，终于研制出了一种在低温无重力下能写出字的“太空笔”，取得了不起的成就。而苏联的宇航员则换一种思路，改用铅笔，轻松地解决了在太空舱书写的问题。

无独有偶，有家著名的化妆品公司，由于包装流水线出了一点问题，致使有的香皂盒子里面没有装入香皂，引起了客户的投诉。该公司对此非常重视，投入了大量的人力、物力和时间，研发出了一台X光监视器，专门用于透视生产线上每个包装好的香皂盒。而另一家小公司也因类似问题接到客户的投诉，他们的解决方法简单得多，买来一台大功率工业用电风扇，安放在产品输送带的末端，强大的风力便将那些没放香皂的空盒吹走了。

两则故事给男孩的启示是多方面的。有时候，灵光一现似的转换一种思路给我们带来的创新效益会让人耳目一新，就像苏联宇航员和日本小公司，将小学生用的铅笔和工业用的电风扇派上了大用场。这样的创新思路，为我们打开了创新路上的另一道门。在环境不变的情况下，转变思路，换种方式也许更容易走向成功。

人不能改变环境，但却可以改变自己。只要你换一种思路去对待人生，那么你的世界将无限畅达。

男孩，如果你希望自己在未来有所建树，那么，从现在起，你也要学会独立思考，做个有想法的人。想法虽然看不见、摸不到，但它真实地存在着。有什么样的想法，就会有什么样的命运。

当然，灵活的思维方式是需要从日常生活中开始的，当你每天早晨一打开窗户的时候，就会感受到一股新鲜的空气。于是，你感觉自己的身心是多么的轻松。接下来要做的事情就是，投入到每天的学习或工作当中。好像这个世界上的事情永远做不完似的。而最重要的是，你可以每天让自己多出一点新奇的想法，给生活增添一点新奇的意味。如果你这样去做了，那么，你就等于在努力突破自我，虽然现在还没有奇迹发生，但至少你和原来的你是不同的了。

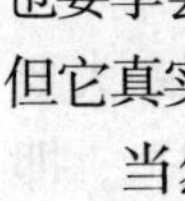

人生充满得失，不必太在意

有个老人，他不喜欢下棋，不喜欢喝茶，就喜欢养花养草，每天的大部分时间都会花在这上面。

一天，老人要回老家，出门前，他反复叮嘱自己的儿子一定要照看好那些宝贝盆景。老父亲交代了，儿子自然不敢怠慢。因此，在父亲外出的这些天，儿子都很精心地照看那些盆景。但可能是因为他太小心了，一天中午，他在给这些盆景浇水的时候不小心打碎了一盆。儿子因此非常害怕，准备着等父亲回来后接受处罚。

老人回家后，儿子将这件事告诉了他，谁知道，老人不但没有责备儿子，反而说："我栽种盆景是用来欣赏和美化家里环境的，不是为了生气的。"

老人说得好，他种植盆景，并不是为了生气。因此，他的心情也不会因盆景的得失而受到影响。如果无欲无求，了无牵挂，则气无处生。

男孩，你也应该从这个故事中得到启发：人生充满得失，我们不必在意，有时候事情也没有我们想象的严重。

思维心理学专家史力民博士指出："乐观是成功的一大要诀。"他说，失败者通常有一种悲观的"解释事物的方式"，即遇到挫折时，总会在心里对自己说："生命就这么无奈，努力也是徒然。"由于常常运用这种悲观的方式解释事物，无意中就丧失了斗志，不思进取了，也就错过了人生中最美好的"群星"。

生活中的每一个男孩，都应该学会正视人生的得失，世间万事万物，来来去去，本就没有一个定数，我们不能左右世事，但可以左右自己的心。当我们拥有时，我们要懂得珍惜，失去时，也不可过分执着。人有悲欢离合，月有阴晴圆缺，以一份淡然的心面对，我们的心会释然很多。

努力做你自己，才能收获快乐

2009年，他在回归洛杉矶银河队后的首个主场比赛中遭到了球迷的嘘声和抗议，但是"万人迷"贝克汉姆却并不在意，他表示要想让所有人都喜欢自己是不可能的。

赛后接受美国当地媒体的采访时，贝克汉姆表示自己并不在意球迷的嘘声，他说：“我不在乎。你不可能让所有的人都喜欢你。”在当天的比赛中，贝克汉姆用场上出色的表现回击了来自球迷的嘘声。银河队打入的两个进球都和小贝有关，其中一球还得益于他的直接助攻。

就连曾经公开批评过贝克汉姆的银河队球员多诺万也表示：“如果大卫一直保持这样的状态，我确信他最终能赢回球迷的支持。”

的确，要想打破他人的成见，我们最应该做的事是做好自己，用实力给他们致命的一击，正如贝克汉姆的表现一样。当然，即使那些偏见永远存在，也不必为之伤脑筋。

我们不难发现，那些真正的成功者多半都是特立独行的，他们从不奢求让所有人喜欢他们，在他们追求成功的道路上，他们也听到了一些他人的闲言碎语，但他们始终坚持做自己，坚持自己的信念。因此，生活中的我们也要明白一个道理：让所有人都喜欢我们是很不成熟的想法，不必委曲求全，做好自己，你才能获得快乐。

总之，男孩，你需要明白，无论你怎么做人做事，总是有人欣赏你，让所有人喜欢是件不可能的事，想让所有人讨厌也不那么容易。

成为最好的自己，就是成功

汤姆·邓普希出生时肢体就有缺陷，右脚和右手分别没有脚趾和手指。看到汤姆这样的情况，父母深感不安。但是他们最终意识到，如果汤姆始终活在自己的残疾带来的阴影中，那么他的一生就完了。所以父母始终鼓励汤姆，让汤姆坚信他是一个健康正常的男孩。不管汤姆做什么事情，父母都不会限制汤姆。就这样，汤姆最终能够做到所有男孩都能做到的事情。例如，其他男孩可以快速步行十千米，汤姆也可以做到这一点。这对于汤姆而言只是生活中再寻常不过的一件事情，他并不以此作为对自己的挑战。再如，其他男孩都会玩橄榄球，汤姆不但学会了玩橄榄球，还能用最大的力气把橄榄球踢得特别远。虽然左脚的残疾让汤姆踢球的时候有很多不便，但是只要穿上专门设计的鞋子，他就可以弥补自己的缺陷。即便汤姆如此努力，教练还是委婉地拒绝了汤姆加入橄榄球队的请求，但是汤姆决不放弃。最终，他打动了新奥尔良圣徒球队的教练，终于加入了新奥尔良圣徒球队。

在新奥尔良圣徒球队中，汤姆的表现特别好，他是全队最认真努力的球员，他的成绩也是非常好的。在一场有6.6万名球迷观看的球赛上，比赛只剩下短短的几秒钟时间了，就在这个关键时刻，汤姆使出了全身的力量，把球踢到了足够远的地方。就这样，他在最后时刻为球队赢得了3分，使他们的球队以19:7的比分战胜了对方。不得不说，这是一个激动人心的时刻，现场6.6万名球迷都为汤姆而疯狂欢呼。这一脚把球踢到了超乎人们想象的距离之外，最重要的是踢出这个球的汤姆只有半只右脚，他的右手还是严重畸形的，这太令人振奋了！

与现场球迷的激动相比，汤姆却表现得非常淡然。原来，从小以来，他就知道自己可以做到什么，所以他对于自己如此超常的表现习以为常，他更是牢记着父母的话，相信自己可以和所有正常的男孩一样做所有事情，创造所有奇迹，所以他对于自己现在的表现丝毫不感到惊奇。

虽然汤姆·邓普西有身体残疾，但是他却在橄榄球场上达到了生命的巅峰，这是因为他拥有强大的自信，才能成为了最好的自己。

对于成功，很多人都有不同的理解，有些人认为成功就是要超越所有人，有些人认为成功就是要功成名就，有些人认为成功就是要赚取金钱。实际上，真正的成功是成为最好的自己，成为自己希望成为的人。对于男孩来说，获得成功就是成为最好的自己，获得成功就是创造最好的人生。

不管我们自身的条件如何，我们都没有必要因为自己在某些方面不如他人而自惭形秽。我们应该有一双善于发现的眼睛，看到自己的与众不同之处。如果汤姆·邓普西可以把球踢到超出球迷想象的远方，我们又有什么事不能做到呢？

俗话说，金无足赤，人无完人，这告诉我们没有任何东西是完美无瑕的。反过来看，也没有任何东西或者任何人是没有任何优点和长处的。每个人都既有缺点和不足，也有优点和长处，所以我们要以发现的眼睛看到自己的优势和长处，这样我们才能发挥自己的天赋，让天赋点燃我们生命的光芒。为了更好地认识自己，我们可以在一张纸上写下自己的优点和缺点，写下自己的优势和短处，这样我们就能够更好地认知自己，也理性客观地分析自己的优劣势，从而充分地挖掘自身的资源，让自己变得熠熠闪光。

端正心态，适度期望生活

很久以前，亚洲的一位国王克罗伊斯非常富有。他统治的王国人民安居乐业，生活富足。有一年夏天，住在大海对面的所罗门漂洋过海来到亚洲旅行。所罗门在希腊是赫赫有名的大人物，负责制定雅典的法律，是人人敬仰的智者。

有一天，所罗门去美丽的宫殿里拜访克罗伊斯，看到所罗门登门拜访，克罗伊斯感到非常骄傲，因为他早就听说所罗门是希腊最聪明最有智慧的智者。当天晚上，克罗伊斯设宴邀请所罗门。

克罗伊斯问所罗门：“所罗门，你知道在这个世界上谁最幸福吗？”克罗伊斯之所以这么问，是因为自负的他希望所罗门认为他是全世界最幸福的人，但是所罗门却沉默片刻说道：“在我所见过的人中，住在雅典的穷苦人特勒斯是最幸福的人。我想，世界上没有谁比他更幸福了。”

听到所罗门的回答，克罗伊斯大失所望。他追问道：“你为什么会这么认为呢？一个穷苦人有什么值得幸福的呢？”

所罗门娓娓道来：“特勒斯非常诚实，他一直辛辛苦苦地工作。虽然他的家境很贫寒，但是他却为孩子们提供最好的教育。等到孩子们终于可以独立生活了，他就去军队中服役，并且在战斗中付出了自己宝贵的生命，你觉得还有谁比他更幸福呢？”

克罗伊斯继续追问所罗门：“那么，除了特勒斯之外，你认为谁是这个世界上最幸福的人呢？毕竟特勒斯已经去世了，我想听你说说其他人。”

这次，克罗伊斯深信所罗门会回答克罗伊斯是最幸福的人，然而，所罗门继续娓娓道来：“有两个穷苦的希腊年轻人，他们是世界上最幸福的人。他们从小就失去了父亲，家境非常贫寒，但是他们很快就长大成为了男子汉。他们辛苦地工作养活母亲，他们的母亲为拥有这样的儿子而感到骄傲。等到母亲去世之后，他们就为了城邦雅典付出了自己所有的心力和爱。他们完全忘我，所以他们是最幸福的。”

克罗伊斯生气极了，他当即责问所罗门：“你为何不说我是世界上最幸福的人呢？我拥有至高无上的权利，我拥有世界上最多的财富，你却总是说那些穷人才是最幸福的。”

这个时候，所罗门说：“尊贵的陛下，在您度过您的一生之前，没有人知道您是否真的幸福，因为灾难总是不期而至。虽然您现在拥有大量的财富，拥有至高无上的权势，但是没有人预知您未来会怎样。”

所罗门的预言果然成真了，后来，居鲁士国王率领他的军队征服了很多国家，克罗伊斯国王的国家也被居鲁士征服了。从此之后，克罗伊斯变成了阶下囚。他在监狱中痛苦地熬过艰难的岁月时，终于想起了所罗门所说的话。

克罗伊斯虽然拥有大量的财富，也拥有至高无上的权利，但是正如所罗门说的，一个人在去世之前并不能够确定自己这一生是否真的幸福，这是因为人生总是充满了变数。从另一个意义上来说，虽然获得幸福需要具备很多条件，但是物质并非衡量一个人是否幸福的条件之一，甚至不能被用来衡量一个人是否幸福。这是因为物质和金钱都是身外之物，我们的幸福应该源自心底的纯真感受。

从心理学的角度来说，幸福是一种主观的人生态度。每个人对待人生的期望不同，对待人生的态度不同，他们感受到的幸福也是不同的。作为一个普通而又平凡的人，男孩一定要让自己拥有更加幸福的感受，让自己内心变得更加充实。有些男孩家境普通，那么不要因为自己拥有的东西不够多而感到苦恼，而是要想一想自己每天都可以和父母朝夕相处，吃着一日三餐，这是多么平淡朴实的幸福呀！有些男孩虽然拥有丰富优渥的物质条件，但是父母却因为忙于工作，忙着打拼事业，而很少有机会陪伴在男孩的身边，这样他又怎么会感到幸福呢？举个简单的例子而言，大富豪在很短的时间内赚了一个亿，他也许会感到很快乐，但他却不会感到特别幸福。相比之下，一个缺衣少食的乞丐在寒冷的冬日里行乞的时候，得到了一碗温热的粥，并且还被允许在这户人家的厨房里靠着火炉边睡一晚上。他有吃有喝，还有地方睡觉，对他而言，因此而获得的幸福感是无法言喻的。所以我们可以说，幸福就是一种感受，与物质无关。

既然如此，要想获得幸福，男孩就应该端正自己的心态，要适度地期望生活，也要学会知足常乐，这样才能始终与幸福相伴。

不再攀比，追寻自己想要的东西

自从升入初中，乐乐的成绩就位于班级第一，年级第二。为何乐乐总是年级第二呢？原来年级里有一个叫小汪的同学学习成绩比乐乐更好一些，每次考试都比乐乐多考几分,甚至十几分。对此，乐乐深感苦恼。有一次，乐乐的成绩提升了十几分，他原本以为这次一定能够超越小汪，但是却发现小汪的成绩也提升了十几分，所以他依然比小汪差几分。乐乐沮丧地回到家里，妈妈询问他考得如何，他愁眉苦脸地说："反正不管我怎么努力，都不能超越小汪。"

看到乐乐沮丧的样子，妈妈耐心地安抚乐乐："虽然你以小汪为目标，想要超过他，所以不懈努力，这样的出发点是很好的，妈妈当然会大力支持你。但是，你可不要把这个作为自己唯一成功的标准。对于你而言，这次考试比之前提升了十几分，这是很大的进步，所以你应该认可自己，也应该因此而感到满足。当然，在接下来的学习中，我们还是一样以小汪为目标，你们能够这样在学习上你追我赶，对于彼此都是极大的促进。"

乐乐疑惑地问妈妈："学习上不就是要展开竞争吗？"妈妈点点头说："学习固然要展开竞争，但是应该友谊第一，竞争第二。如果我们的学习目标就是反超小汪，那么我们的目标就太小了。要知道，全市有那么多学校，有那么多孩子，还有很多孩子都比小汪更加优秀呢！所以我们要把关注点放在自身的成长上，我们的目标是每一次都有进步。如果能够赶超小汪，那就是进步的福利；即使不能赶超小汪，我们也依然要保持进步的态势，这样我们才能发挥出自己最高的水平，不至于因为没有努力而感到遗憾。与此同时，我们也会因为自己获得了进步而感到满足，更加认可自己，这才是最好的结果。"听到妈妈的话，乐乐恍然大悟，他对妈妈说："我明白了！成长，才是最重要的。我们之所以要竞争，是为了激励自己成长，但是我们不能把竞争作为最终的目的。我必须激励自己，才能坚持成长和进步，这才是我们的终极目标。”妈妈由衷地笑了，对乐乐竖起了大拇指。

做人既要有不懈追求的目标。也要学会知足，这样才能感受到快乐。如果总是在前进的道路上给自己提出过高的要求，或者陷入与他人的比较之中，因此而迷失了目标，那么就无法获得快乐。

在学习的道路上，很多男孩也与乐乐一样喜欢与人攀比，这固然是有上进心的表现，但是却不要忽略了攀比的最终目标。攀比不是为了超过他人，而是为了能够激励自己，只有以进步作为终极目标，我们在与他人的攀比中才会收获更多，坚持成长，也才能够让攀比发挥积极的作用。

在自身成长的过程中，我们还应该看到自己的进步和成就。很多人终其一生一直碌碌无为地忙碌着。要知道，追求是永无止境的，世界是无穷无尽的。如果我们陷入攀比的怪圈之中，就会沉沦其中，那么我们应该从自身的需求出发，满足自己的需求，而不要过多地与他人攀比。只有丢掉攀比之心，我们才能全力以赴地追求自己想要的东西，也才能真正地让自己获得满足。

男孩，请相信好运会降临

丽丽对于自己的生活感到非常满意，她的生活安逸舒适，属于中产阶级的普通家庭水平。她的婚姻也幸福美好，她已经30多岁了，不但有爱她的丈夫，还有两个活泼可爱的孩子，原本她以为岁月一直会这样静好下去，但是却万万没有想到命运突然给予了她重重的打击。

在一次意外事故中，她的丈夫不幸去世了。丽丽独自抚养两个孩子成长，原本就已经非常艰难了。有一次，她做饭的时候，因为没有照顾到孩子，大女儿被锅里的热汤严重烫伤了，面部毁容。丽丽伤心极了，她不得不辞掉工作，留在家里专心照顾大女儿。经过一年多的精心治疗，大女儿的病情终于有了好转，丽丽这才在家附近的小超市里找了一份工作。遗憾的是，才过去没多久，这家超市就倒闭了。面对着生活的困境，丽丽感到非常绝望。这个时候，她突然想起丈夫曾经留了一份保险给她，这个保险可以对大女儿被严重烧伤的情况作出赔偿的。但是她又想起来，去年丈夫去世的时候，她因为伤心过度，居然忘记了支付保险费。这个时候，她赶紧打电话联系保险公司。果然，保险公司拒绝支付保险费。丽丽感到绝望极了，为了能够拿到保险公司的补偿，她带着保险单去保险公司进行沟通，却几次吃了闭门羹。

后来，丽丽在保险公司经理的办公室门口等候，一直等到经理外出回来。看到经理文质彬彬，平易近人，她仿佛受到了鼓励，向经理讲述了家庭的遭遇。虽然知道丽丽的情况并不属于理赔的范畴，但是考虑到丽丽家的确遭遇了接踵而至的打击，经理决定先从人道主义的角度上给予丽丽赔偿，这极大地缓解了丽丽的经济情况，让丽丽感受到了生活的希望。在理赔的过程中，丽丽几次与经理见面沟通，看到丽丽如此坚强，经理深深地被打动了。正好经理前几年也失去了妻子，所以他对丽丽一见倾心。过了一段时间之后，经理与丽丽确立了恋爱关系，后来经理还找到了自己的医生朋友，让这位医生给丽丽的大女儿进行了美容手术。经过几次手术之后，莉莉的大女儿面部再也看不出烧伤的痕迹了。后来，这位经理邀请丽丽加入保险公司，丽丽成为了一名保险推销员。保险推销员的工作虽然很辛苦，但是工作的时间很灵活，而且收入也不错。就这样，一时之间，丽丽生活得非常顺遂如意。她和经理重新组建了家庭，经理对待她的两个孩子视如己出，而且很快他们就有了属于自己的孩子。

面对厄运的时候，我们不要总是抱怨命运不公，不要总是怀着绝望的态度去面对和思考很多事情。很多时候，好运就在拐弯处等待着我们。当我们坚持走到这条路的尽头，也许我们还没有拐弯处呢，好运就开始对我们招手了。最重要的是，不管面对怎样的困境，我们都要始终坚持不懈，我们都要勇往直前，相信这样好运就会早一点来到我们的身边。

总而言之，心若改变，世界也随之改变，当我们坚信人生不会始终残酷地对待我们，而我们总会迎来峰回路转的时刻，我们就一定能够做到。就像一个人从事一份自己不喜欢的工作，如果始终抱怨，那么就不可能把工作做好。反之，如果能够放下心中对于工作的不满，全力以赴地投入工作之中，专注地做好工作，那么我们就会把工作做得越来越好，这样我们在工作上的表现也就会更加出色。

作为男孩，我们要相信相信的力量，我们要坚持相信自己会有好运降临。只有在此基础上，我们才能越来越幸运，也才能获得越来越多的幸福。

感恩生活，你会拥抱幸福

因为从小患上了小儿麻痹症，加加的双腿严重扭曲，这使得他走路的时候整个身体都要匍匐到接近地面的程度，非常吃力。虽然学校离家很远，但是爸爸妈妈都要忙着干活挣钱，所以加加只能自己步行去学校。同学们看到加加在地上往前挪动的样子，都感到非常震惊，有些同学还会嘲笑加加。有些同学虽然关心加加，但是他们很怀疑以加加这样的状况根本不可能坚持完成学业。出乎他们意料的是，加加一直在坚持上学，而且风雨无阻。哪怕天气情况非常恶劣，他也会早早地出门，准时到达学校。

虽然身体的条件很糟糕，但是加加每天脸上都笑呵呵的。他非常努力地学习，却在学习上并没有太大的起色。他的成绩在班级里始终排名倒数，但是他依然坚持上学。每到课间，同学们在操场上自由自在地玩耍，加加只能坐在教室里，透过窗户看着大家。他的眼睛里满是羡慕。每当有同学看向他的时候，他就会笑着和同学打招呼。有些同学虽然家庭条件非常好，要什么就有什么，但是他们却从不开心，看到加加乐呵呵的样子，他们全都非常羡慕加加。

初中毕业后，加加辍学了。转眼之间，十几年过去了，很多同学都已经大学毕业了，加加呢，从上完初中就开始学习修鞋的技术，这是因为爸爸妈妈都希望他有谋生的能力。因为身体严重残疾，加加一直没有找到结婚的对象。后来，有人给他介绍了一个聋哑人，他才终于结婚了。

有一个同学当年担任班长的职务，现在混得风生水起，事业有成。有一次，老班长回到老家过年，看到加加在街边给人修鞋，就赶紧过去和加加打招呼。加加笑嘻嘻地和曾经的老班长说话，老班长惊讶地说："加加啊加加，你上学的时候就总是爱笑，现在咱们都已经人到中年了，难道你就一点烦恼都没有吗？怎么还是这么爱笑呢？"

加加笑着说："我怎么能没有烦恼呢？但是我很知足呀，我相信自己是最幸福的。你看我这么严重的身体残疾，还有一个那么好的女人愿意嫁给我，虽然她是聋哑人，听不见我说话，也不能够跟我说话，但是她非常贤惠，她还为我生了一个大胖小子呢！我们的儿子特别健康，现在正在读小学，学习成绩也很好，我真是发自内心地高兴呀。"

听到加加的话，老班长感慨不已，他由衷地对加加说："我们的同学中，有人当了大老板，有人当了大官儿，还有人当了大学教授，看起来好像每个人都过得比你好，但是上次我们同学聚会的时候，他们全都不停地抱怨，认为自己生活得很不如意。我想，他们都应该向你学习，真心地感受到幸福。"

对于自己所拥有的一切，如果我们不知道满足，不相信自己是幸福的，那么我们就会感觉很糟糕。反之，如果我们知道满足，也相信自己是幸福的，那么我们就会很庆幸自己的际遇。在这个故事里，加加虽然有严重的身体残疾，但是他却庆幸自己和妻子的孩子是非常健康的，学习成绩也很好，所以他的幸福感特别高。一个真正幸福的人，一定是发自内心感恩的人，也坚信自己必将获得幸福，这样才能离幸福越来越近，直到拥抱幸福。

在平实的生活中，我们想吃什么就可以吃什么，我们的冰箱里有足够的食物，我们穿着非常厚实的衣服抵御寒冷，我们也有一些存款可以应付突发的情况。我们难道不是最幸福的人吗？我们的身边有最爱的人陪伴，我们呵护和照顾着自己的孩子，眼看着孩子健康快乐地成长，我们还有能力赡养父母，这不就是最大的幸福吗？每个人都是幸福的，之所以每个人对幸福的感受不同，是因为有人相信自己是幸福的，而有人却坚信自己是不幸的。男孩应该调整好心态，相信自己非常幸福。即使面对坎坷境遇，即使面对不能满足的欲望，男孩的幸福感也丝毫不应该打折扣。

第九章

让男孩可以自我掌控的7件事

克制冲动，凡事三思而后行

某班有个叫刘俊的男生，因为和体育老师的一次冲撞而被迫退学。

那是一个晴朗的下午，在第6节课的上课铃响之后，陆陆续续地只有20位左右的学生到了运动场上集合。体育教师面对这种情况，就叫体育委员去班上把其他学生叫来。慢慢地，其他人都来了。但此时，刘俊还在远处的沙池边上跳远。体育老师用力吹了几下哨子，刘俊才小跑过来。

在刘俊快要站回队伍时，体育老师喝道："站住!"并用眼神狠狠地盯着刘俊。

"你没听到老师吹哨子吗？为什么还慢慢地、大摇大摆地过来？"老师问，刘俊没回答。

看到刘俊没反应，体育老师一下子火就上来了，骂了几句脏话，这下子刘俊也被激怒了，居然想要动手，旁边的学生见状，迅速上前把他们两个拉开。

可以说，刘俊和老师的冲突的确是两人都有错，教师向学生发火，有他不对的一面，但作为学生的刘俊，他的行为也是不对的。

到了十几岁以后，男孩比女孩更容易冲动，一旦遇到什么事，就很容易血液上涌。但男孩，请记住：冲动是魔鬼，会让自己一败涂地，从现在起，一定要做到自制，理智思考并稳定自己的情绪。

男孩，人生漫漫，你不要让自己输在心态。心态决定人生，也决定了人的生活方式，懂得自制，能控制自己的情绪，就会控制由冲动带来的一系列恶性情绪反应循环。心情好，就什么都能做好，生活中有太多的人，他们把人生看得太累，认为人活着就累，其实，这是因为他们没有调整好心态的原因。

每个男孩都必须学会控制自己的情绪，克服冲动，收获一种健康心态，对此，你可以做到：

1.转移

转移的含义就是，你应该将你的注意转移到那些能让你高兴的事情上去。

2.分解

你可以将你的烦恼分解，然后将这些分散后的问题一个个解决，那么，那些看起来无法解决的烦恼也就自然迎刃而解了。

3.弱化

其实，在你看来的那些令人无法释怀的烦恼其实并不是什么原则性的问题，你把问题看得太重，它又怎么轻得了？

4.体谅

你在为别人的错误而生气吗？生气就是对自己的一种惩罚，原谅了别人也就饶过了自己。另外，将对方看作一个客观存在的事物。

5.解脱

这就需要你跳出当前的令你烦恼的问题，站在更好的角度看，你会发现新的见解，也就能对问题作出新的理解。塞翁失马，焉知非福，这就是经典的解脱思维。

的确，十几岁的少年容易冲动，但男孩，你要记住，态度决定一切。也就是说，冲动的情绪往往会把一切事情都办糟糕。即使遇到了好事和良机，也会因为不良的情绪，产生无形的压力，从而无法充分发挥能力，错过这些机遇。

能够管理好情绪的男孩，身心更健康

这天，某初中三年级三班发生了吵架事件，其实，就是一件鸡毛蒜皮的事。

“你不知道，他有多差劲，小心眼、成绩差、长相差，甚至是歌唱得也差，哎。估计学校都没人喜欢他。”一群男孩子在讨论某青春时尚的明星，说话的是小刚。

“你说谁差劲呢，你也好不到哪里去，一天除了研究那些无聊的游戏，你还会做什么？”这被路过的飞飞刚好碰到了，他和小刚的关系一直不好，以为小刚在说自己，于是，不分青红皂白，展开了言语攻击。

“游戏怎么无聊了？你不知道每天有多少人在玩我这个游戏，估计你爸爸也玩，你品位低下，也别说别人。”小刚自然不肯忍让。

“你为什么扯到我爸爸，你有没有道德？”飞飞生气了。

于是，就这样，两人你一句我一句地吵起来了，要不是同学们劝架劝得快，估计两人还要打架。

其实，这种事情在学校里经常发生，很多老师都感叹，男孩们怎么一点绅士风度都没有，都不知道礼让吗？

我们知道，一个人是否成熟的标志就是是否能做到控制自己的情绪。十几岁的男孩已经不是小孩子了，不能高兴了就笑，伤心了就哭，生气了就闹。为此，你必须学会管理自己的情绪，以下是几点情绪管理的建议：

1.积极的语言暗示

日常生活中，我们运用语言的情况多半是与人交谈，而其实，语言还有其他很多的功用，其中就包括心理的暗示。语言暗示对人的心理乃至行为都有着奇妙的作用。

为此，当你心有不快，想要通过发火的方式来发泄时，你可以通过语言的暗示作用来调整自己，以使自己的不快得到缓解。比如，你的同学做了伤害你的事，你很想找他理论，并将他骂一顿，那么，此时，为了不让事情发生严重的后果，你在冲动前可以告诉自己："千万别做蠢事，发怒是无能的表现。发怒既伤自己，又伤别人，还于事无补。"在这样的一番提醒下，相信你的心情会平复很多。

2.放松、调整自己

当你遇到不快的事时，最好的方法就是到一个无人的地方大喊几声，或者去从事一些体力劳动、去操场锻炼身体，当你的这些心理压力通过身体上的能量转换成汗水以后，你会发现，你的心情会好很多，气也就顺些了。当你生气的时候，你也可以拿出你的小镜子，看看生气时候的你是多么难看，那么，不如笑笑，你笑，镜中也笑，苦中作它几次乐，怨恨、愁苦、恼怒也就没有了。

3.自我激励，原谅对方

激励是人们精神活动的动力之一，也是保持心理健康的一种方法。当周围的人让你生气时，你不妨自我激励，告诉自己，如果我原谅他了，我的品质又提升了一步。自然就压制住了要发火的倾向。

4.创造欢乐法

心绪不佳，烦恼苦闷的人，看周围一切都是暗淡的，看到高兴的事，也笑不起来。这时候如果想办法让自己高兴起来，笑起来，一切烦恼就会丢到九霄云外了。笑不仅能去掉烦恼，而且可以调解精神，促进身体健康。

总之，男孩，当你学会了管理自己的情绪时，你就逐渐成熟起来了！

及时自我调节，不乱发脾气

一天，平时工作就非常忙碌的杨太太被儿子的老师一个电话叫到学校，原来是儿子在学校闯祸了，可是令她不解的是，儿子一直很乖，连和人大声说句话都不敢，怎么会闯祸呢？

杨太太匆匆忙忙赶到学校，才问清楚情况：原来是班上有些男生挑事，说杨太太的儿子小强是“胆小鬼”。老师告诉杨太太，班上传言，小强喜欢某个女生，但一直不敢说，这些男生知道后，就拿这件事嘲笑小强。而小强则因为这件事很生气，于是大打出手，体型高大的他把这几个男生都打得鼻青脸肿。

“我的孩子怎么了？”杨太太很是不解。

一向乖巧的小强怎么会突然这么容易被激怒而向同学大打出手？日常生活中，如果我们被人叫作“胆小鬼”，兴许我们会生气，但绝不会太过情绪激动而做出一些伤人害己的事。

的确，很多男孩到了十几岁以后，就进入了情绪多发的青春期，这一阶段，男孩身体的急速成长、学习压力加大，这些都让他们产生巨大的心理负担，此时，他们至少面临着三方面的压力和挑战：首先，身体正在急剧发育，所以他们积蓄了大量能量，容易过度兴奋；其次，学习上的任务很重，面对激烈的竞争，他们的心理压力普遍比较大；最后，随着年龄的增长，他们渴望对外部社会有更多的了解，人际交往也逐渐增多，各种各样的信息纷至沓来，这就使他们需要处理的问题越来越多，越来越复杂。每个男孩的血管里也流淌着亢奋的血液，他们常把什么都挂在脸上，不像成年人那样善于控制或掩饰自己，常常喜怒皆形于色。在与人交往的过程中，一旦产生矛盾，很容易爆发，这也就是为什么很多青少年男孩总爱发脾气。

要控制自己不要乱发脾气，你需要做到：

1.发火前长吁三口气

男孩，你需要告诉自己："发火前长吁三口气"，事实上，很多事情都没有想象得那么严重。如果不学着控制自己的情绪，任着性子大发脾气，不仅解决不了问题，还会伤了和气。

2.正确地宣泄自己的情绪

这一阶段的男孩是脆弱的、敏感的、容易受伤的，即使是男孩，他们也会悲伤沮丧，此时，不妨哭出声来。你可能会认为，一个坚强的人就应该始终不能哭，哭是懦弱的，而其实并不是如此，在过度痛苦和悲伤时，哭也不失为一种排解不良情绪的有效办法。哭不仅可以释放身体内的毒素，还能释放能量，调整机体平衡。在亲人和挚友面前痛哭，是一种真实感情的爆发，大哭一场，痛苦和悲伤的情绪就减少了许多，心情就会痛快多了。流眼泪并非懦弱的表示。所以男孩你该哭当哭，该笑当笑，但要把握好一个度，否则会走向反面。

总之，男孩，你要明白，当你十几岁以后，处于心理波动较强的时期，在这个期间，可能你的心理承受能力比较差。但你要认识自己的情绪，并控制自己的情绪，只有这样，你才能保持稳定的心境！

男孩，一定要抵制住各种诱惑

在生活中，我们会遇到这样那样的诱惑，不论是金钱、利益还是情感、权利、游戏、网络，随时都有可能对我们的道德底线产生很大的影响，欲望时刻环绕在人们中间，面对这些无休无止的诱惑？我们能做的到底是什么？下面的故事将会给你一定的启发。

有一个英国的小女孩，从小她的母亲就经常跟她说这样一句话："在人生的道路上有很多诱惑，一定要记得抵制这些诱惑，这样才能得到成功的青睐。”一直以来这句话时刻环绕在她的耳边，提醒她，教育她，可以说在她的人生路上起着很大的作用。

小女孩的母亲有一份工作，就是每个星期都要给别人代洗衣服，这样就可以拿到5英镑的酬劳。在一个周六的晚上，小女孩还是跟平常一样去帮她母亲领薪水。这时候老板手里拿着一个装满钞票的钱包，打开钱包之后就抽出了一张钞票给小女孩。

辞别了那位老板，小女孩就兴高采烈地拿着母亲的薪水离开了。走着走着，她停了下来，她要把钱用别针小心翼翼地固定在围巾的皱缝里。这时，她才发现农场主给了她两张钞票。

“这些钱都是我的，现在已经全部都是我的了呢！”突然多拿了一张钞票，这份意外的收获让她乐得不得了。于是她在心里盘算着怎么消费这一笔钱：我可以用多余的钱给妈妈买一件新的衣服。这样姐姐就可以穿妈妈的旧衣服，我还可以给弟弟买一份礼物。

小女孩乐得笑出了声，于是兴高采烈地往家里跑。可是跑着跑着，她突然想起妈妈经常告诉她的话：“在人生的道路上有很多诱惑，一定要记得抵制这些诱惑，这样才能得到成功的青睐。”此刻，她放慢了脚步，内心变得十分纠结，这张钞票对她来说确实是充满着诱惑，可是她到底该怎么做呢？最后她用尽浑身的力量，抵制住了金钱的诱惑，将钱还给了那位农场主。

有母亲的教导，有此次经历的感悟，小女孩在以后的人生中更明白了怎样去抵制各方面的诱惑。此后在诱惑面前她始终保持一种平静的心态，最终取得了令人羡慕不已的成功，她就是英国亿贝公司前首席执行官梅格·惠特曼。

面对金钱的诱惑，她没有被利益冲昏了头脑，而是坚持自己的想法，不为之动容。这正是一个有气质的人应该拥有的一种美好品质。正是因为自己内心的那份坚守，最终成就了梅格·惠特曼的气质。倘若梅格·惠特曼不懂得如何抵制人生中的诱惑，那么也就不可能会成就今天的梅格·惠特曼，更练就不出她身上的气质。

我们何尝不遇到类似的情况呢？可是我们是怎么做的呢？相信这会有很多答案吧。生活中的诱惑经常像影子一样跟着我们，时刻考验着我们的意志。如果我们不能借助意志驱赶诱惑，那么随时都会跌倒在诱惑下，成为诱惑的牺牲品。

远离烟酒，是男孩最正确的选择

烟和酒对人的身体有着极大的危害，可如今却已经悄悄地走进了青少年的生活。不论男生女生，很多已经学会了吸烟和喝酒，青少年吸烟和喝酒的比率，正悄然地、迅速地增长着。烟酒对人体的危害，大多数青少年朋友可能已经知道了：酒的主要成分是乙醇，而烟里面含有30多种致癌物质，其中危害最大的是尼古丁。男孩，不管你有没有这个恶习，希望你懂得爱惜自己的身体，维护自己的心灵健康，做一个拒绝烟酒的文明少年。

李扬是初一五班的一名学生，马上就要升初二了，可是他的成绩一直跟不上，平日里他也感觉有点苦恼，但是李杨是个很聪明的孩子，他的动手能力特别强，很擅长机械和模型，在这方面是个专家。他对一切都充满了好奇，家里新买回来的各种电器，总是爸爸还在看说明书的时候，他已经在使用了。周五放学回家，他和朋友张瑜一起结伴而行，走到半路上，张瑜神秘兮兮地拿出一支香烟，给他看了看，然后动作很熟练地点燃，抽了起来。李扬看他陶醉的样子，跟他说：“吸烟有害健康，这个年纪不应该吸烟。”可是张瑜只是淡淡地说了一句：“回家心烦，成绩不好，妈妈老是唠叨我，抽根烟解解烦。”回家后，李扬也偷偷从爸爸的烟盒里面拿出一根来，又想起爸爸曾经很严厉地跟他说过绝对不许抽烟，他犹豫了一会儿，然后对自己说：“我就抽一根，感觉一下，其实我也挺烦的，不会上瘾的。”第一次除了呛得难受，没找到什么感觉，于是第二天，他又手痒，又去偷了一根来。过了不久，李扬发现，自己竟然哪天不抽就觉得有点不舒服了。李扬看到朋友吸烟，引发了他强烈的好奇心，他认为只要少抽一点，不可能上瘾，其实对于烟和酒的拒绝应该是彻底的，不要有开始，因为烟酒的上瘾都是很容易的。

男孩们，上面的案例相信在生活中你们都听过，甚至经历过。烟酒不仅影响身体，还会对心灵造成一定的影响。所以说，远离烟酒，健康成长吧！

1.吸烟对健康的影响不可小觑

第一，吸烟能产生大量烟雾，其中包含几百种对身体有害的物质。比如，尼古丁可以兴奋人的神经，使血管收缩，从而刺激人的心脏，使人成瘾，对身体造成损害。

第二，吸烟时所产生的一氧化碳可以与血液中的血红蛋白结合形成碳氧血红蛋白，使吸烟者经常处于低氧血症状态。同时，一氧化碳还会刺激红细胞增生，容易诱发各种心脑血管疾病。

第三，吸烟影响青少年的智力水平，还会影响身体发育。

第四，许多与吸烟有关的疾病都有很长的潜伏期，有的可长达几十年。

2.饮酒对青少年的危害

第一，饮酒伤身。酒精能够使肌肉无力，还会对血细胞产生危害。如果长时间大量地饮酒，还会损伤肝脏、心脏、眼睛、大脑、食道和口腔，甚至还损伤生殖细胞，对后代造成不良影响，还可导致精神疾患。

第二，饮酒影响学习。过度的饮酒会对青少年的记忆力、理解力造成很大影响，还会导致思维能力和智力水平严重下降，进而严重影响学业。

第三，酗酒在许多国家已被公认是造成意外（尤其是车祸）和自杀死亡的重要原因之一，酗酒和吸烟一样也是一大社会公害。

第四，饮酒会容易结交一些社会不良少年，沾染一些恶习，对自己的身心健康会造成极大影响。

男孩们，烟酒需要花钱去买，而你们又无独立经济来源，同时在人际交往中吸烟喝酒易交上坏朋友，因此，如果不抓紧远离烟酒，那么烟酒就容易成为走向违法犯罪道路的诱发因素。所以说，远离烟酒，才是最正确的选择。

有意识地锻炼自己的意志力

有句话说得好，“美好的人生建立在自我控制的基础上”。是的，如果你的意志是薄弱的，如果你连自己的方向都把控不住，那么许多美好的愿望和远大的目标又如何实现呢？自控能力也就是自制力，它对每个人来讲都是一种宝贵的品质，而且对一个人的发展也起着极其重要的作用。克莱门特·斯通认为，“一个人要征服整个世界，首先要征服自己”。一个人如果拥有强大的自制力，那么他就不会轻易地被外界的环境所打败，战胜了自己，才能战胜外界的风风雨雨。

曾经有一位心理学专家做过一个实验，这个实验很好地为大家证明了一个道理，那就是良好自控能力对人的影响不可小觑。他选取一个幼儿园的学生作为对象，从四岁到高中毕业这段时间进行跟踪研究。实验开始的时候，心理学家来到教室，给教室里的十个小朋友每人分发一块糖果，这时候老师宣布：“孩子们，老师现在要离开一会，你们眼前的这块糖果你们可以选择吃掉，但是如果谁等到老师回来之后再吃的话，谁就可以再领取一块糖作为奖励。也就是说，坚持到老师回来，就能吃到两块糖。”可是，性急的孩子几乎没等到老师离开教室，就已经把糖送进嘴里了；而有一部分孩子，开始闭上眼睛，或把头埋入胳膊里，或和其他的小朋友做游戏……用这些方法来抵御那块放在他们面前的软糖的诱惑。他们最终得到了两块糖。但是，这个过程让他们得到的远不仅是这两块糖。

多年以后，他们长大了，那些当年控制住自己不吃糖果、抵住诱惑的孩子在各个方面都表现得非常出色。他们办事沉稳冷静，效率较高，面对挫折和压力也不会慌乱无措，不会轻易崩溃，容易赢得老师和同学的信任。可是，那些自制力较弱的孩子，长大之后抗压能力和自我管理能力都比较薄弱。面对问题他们经常不知所措，容易慌乱。这个实验的最终结果表明：一个人的自控能力，在一定程度上决定了他的未来。

男孩，你要记住，人最大的敌人是自己，只有战胜了自己，超越了自己，你才会更加出色。

1.鼓励自己

经常对自己说“我可以做得更好”“我正期待着”“这次我做得非常出色”“这次情况好多了”等充满鼓励的话。当自我感觉良好时，自信也会来到你身边。提高你的斗志，你自然会战无不胜。

2.强大自己的能力

积极接受工作或生活中挑战性较强的任务，不要害怕失败，即使真的失败了，这对于你来说也只是增加了一次深刻的教训，这同样是在为成功进行积累。而一旦获得成功，你的价值就会得到充分的提升。

心理学家认为，自控力属于意志力的范畴，通常来讲，自控力强的人，往往拥有超强的意志力，控制自己的行为，自然需要意志力发挥作用。自制力不是天生就有的，需要我们在后天的生活中不断培养，这是一个逐步形成的过程。所以，男孩们加油吧！

男孩最忌心浮气躁

男孩作为未来社会的主力军之一，必须要有踏实务实的品质。成长中的男孩最忌心浮气躁。毛主席说：“世界上怕就怕认真二字。”如果男孩能安下心来认真做一件事情，就没有做不好的。而急躁是一种冲动性、情绪性、盲动性相交织的病态社会心理，它与艰苦创业、脚踏实地、励精图治、公平竞争是相对立的。浮躁使人失去对自我的准确定位，使人随波逐流、盲目行动，对组织、国家及整个社会的正常运作极为有害，成长中的男孩必须要穷养，因为穷养的男孩自制力强。家长一旦发现男孩心浮气躁，必须予以纠正。

我们都知道，急躁是青少年的通病，但任何一件事，从计划到实现的阶段，总有一段所谓时机的存在，也就是需要一些时间让它自然成熟。假如过于急躁而不甘等待的话，经常会遭到破坏性的阻碍。因此，无论如何，我们都要有耐心，压抑那股焦急不安的情绪，这样才不愧是真正的智者。

当然，男孩，你要做到自制，这不是很容易的事，要循序渐进，切不可急躁。每天给自己制定一个强于昨天的目标，只要达到就是成功，这样会在不知不觉中提高。有以下一些建议，可供参考：

1.做事情要先思考，后行动

要想把事情做到最好，你心中必须有一个很高的标准，不能是一般的标准。在决定事情之前，要进行周密的调查论证，广泛征求意见，尽量把可能发生的情况考虑进去，以尽可能避免出现1%的漏洞，直至达到预期效果。

比方出门旅行，要先决定目的地与路线；上台演讲，应先准备讲稿。在做事之前，你可以问自己这样一些问题："为什么做？做这个吗？希望得到什么结果？最好怎样做？"并要具体回答，写在纸上，使目的明确，言行、手段具体化。

2.做事情要有始有终

不焦躁，不虚浮，踏踏实实做每一件事，一次做不成的事情就一点一点分开做，积少成多，积沙成塔，累积到最后即可达到目标。

3.稳定情绪

用合理发泄、注意力转移、迁移环境等方法，把将要引发冲动的情绪宣泄和释放出来，保持情绪稳定，避免冲动。

4.要强化自我意识

遇事要沉着冷静，自己开动脑筋，排除外界干扰或暗示，学会自主决断。要彻底摆脱那种依赖别人的心理，克服自卑，培养自信心和独立性。

5.有针对性地"磨炼"

你可以采取一些措施，有针对性地"磨炼"自己的浮躁心理。如练习书法，学习绘画，弹琴，解乱绳结，下棋等，这些都有助于培养自己的耐心和韧性。

第十章

让男孩拥有创新精神的7件事

男孩要培养自己的创造力

自古以来，人类就是在不断的创新中不断进步的，可以说，人类如果没有创新，只会停滞不前。因此，作为未来社会生力军的男孩，更要培养自己的创新能力。因为未来社会，一个人是否能保持思考创新，直接关系到他的事业成败，只有创新才能激活自己全身的能量。

人们常说："创新始于天才。"其实，这话应该打个颠倒，"天才始于创新"才合乎情理。"天才"与大家一样，原本都是普普通通的人，重要的区别就是他们敢于创新、敢于寻找自己的"路"罢了。创新的成功，总是孕育着创新者的强烈创新意识。要想摆脱传统观念和习惯思维的局限，就要鼓励自我打破思维禁锢，突破常规的路线，激活创新的意识。

总的来说，男孩，你若想变成一个思维灵活变通、敢于抛弃陈旧观念、能适应未来创新型社会的男子汉，你就必须锻炼自己的创造能力。为此，你可以这样历练自己：

1.不要把眼光局限于成绩上

当前一些男孩因为长时间受到父母短视、片面地教育"我们什么都不要你做，你把书读好就行了"而导致人格与思维上的发展受到局限。

男孩，你应该告诉自己要成为一个有远见和理想的人，多关注社会、国家，你的思维也就能慢慢变得开阔起来。

2.不要害怕冒险行为

很多男孩调皮捣蛋，父母带他出去玩，他总是喜欢做一些危险动作，比如登高、从高处往下跳。这虽然有一定的危险性，但也是让大脑发育的方法。

3.多参加生活实践

思维和现实之间的差距就在实践，再美好的思维理想，如若不付诸行动，也如痴人说梦。这一点，应该落实到生活的细节上。只有体会到实施的难度，才能检验思维的成熟度。

事实上，每个人都有自己的创新意识，有的时候只是处于隐蔽状态，未曾开发出来而已。因此，生活中的男孩，只要你敢于突破常规、敢想敢干，一样能够突破自我。

敢于改变自己，敢为人先

生活中，我们不难发现，很多青少年阶段的男孩，经常被埋在书海中，每天除了学习就是做题，年纪轻轻，就显得过于老成，他们满脑子都是危机意识，做事时也总被条条框框束缚而不敢释放自己，而最终，他们也只能碌碌无为。

在第一次世界大战期间，法国有个很著名的上校叫泰勒，当时，他任第六师师长，他的处事方式很令人钦佩。

一次，他与儿子告别，他告诫儿子：“孩子，记住：你的姓是泰勒，泰勒这个姓代表着做事能力。你永远不要将路让给其他敢于冒险的人走，你要敢于冒险，让他们将路让出来。”

接着，他继续说道：“你看大街上人头攒动、交通阻塞。但呼啸的消防车飞驰而过时，大家都自动地让出路来。可能你以后会偶尔感到失落、沮丧甚至软弱，但只要你拿出勇气，只要你迈步向前，沮丧、软弱都会躲开你。”

勇敢地尝试新事物，你就可以发现新的机会，从而迈进从未进入的领域。生命原本是充满机会的，千万别因放弃尝试而错过机会。

事实证明，如果能够跨越传统思维障碍，掌握变通的艺术，就能应对各种变化，在变化中寻找到新机会，在变化中获取新利益。在我们的生命中，有时候必须做出困难的决定，开始一个更新的过程。只要我们愿意放下旧的包袱，愿意学习新的技能，我们就能发挥自己的潜能，创造新的未来。我们需要的是自我改革的勇气与再生的决心。

现代社会，不敢冒险就是最大的冒险。没有超人的胆识，就没有超凡的成就。生活中的每个男孩都要敢于尝试，敢于挑战自己，这样，你就有了做第一个成功者的机会。胆量是使人从优秀到卓越的最关键的一步。你需要勇气，需要胆量，你不是弱者，机会只给敢于迎接的人！

打破思维，发挥创新能力

当年，拿破仑战败，被囚禁在圣赫勒拿岛上。为了营救拿破仑，有个好朋友想方设法，托人给拿破仑带去一副象棋。这副象棋很别致，是用软玉和象牙制作而成的，为此拿破仑爱不释手，常常会在孤独寂寞的时刻下象棋，打发无聊的时光。但是，他只是知道象棋是可以用来消遣的，却从未想过朋友费尽周折送给他这副象棋其实另有深意。拿破仑日复一日下象棋，在生命即将结束的时候，把象棋抚摸得非常光滑，用核桃爱好者的话来说，都已经包浆了。

拿破仑去世之后，这副象棋作为他的遗物被很多人关注，也曾经被很多人拥有。一个拥有这副象棋的人有一天在把玩象棋的时候，发现有一枚棋子并不是完整的整体，底部是可以打开的。他万分震惊，赶紧想办法打开，果然从中空的棋子里拿出了一张图，而这张图正是当年拿破仑的朋友煞费苦心为拿破仑制定的逃跑路线。这个消息一经传出很多人都感慨不已，如果当年拿破仑真的发现了这张图，也成功逃出了流放的孤岛，也许整个世界的历史都会被重写。然而，如今拿破仑已经去世，历史也不可更改，而再好的机会都变成了空想，终究归于虚无。

思维定式的力量是很强大的，男孩在考虑问题的时候，一定要学会举一反三，也要学会从不同的角度出发，找到解决问题的可行性方法和契机。否则，总是局限于固有的方法，就只能沿着思维的老路向前走，无法找到新出路，最终把自己局限住。陷入思维定式中的人，就像是被蒙住眼睛一样，看待问题局限在一个角，思考问题只能因循守旧。男孩要想发挥创造力解决问题，一定要打破思维的铜墙铁壁，才能在成长的过程中不断突破和超越自我，才能激发出自己的潜能，让自己如同小宇宙一样突然爆发。

任何时候，都不要被自己的思维局限住，曾经有一位名人说，每个人都是自己最大的敌人，正是这个道路。古诗云，不识庐山真面目，只缘身在此山中，就告诉我们当置身于其中，我们就无法看得更加客观全面，而只有让自己从事情之中跳出来，站在更高处纵观全局，才能有更好的成长和更巨大的进步。

思维发散，提升解决问题的成功度

1972年，尼克松竞选总统，与民主党提名的麦高文成为竞选对手。在竞选进行中，麦高文认为他的副总统竞选搭档很不给力，为此临时决定替换副总统竞选搭档。这样一来，麦高文的汽车贴纸和竞选名牌“麦高文—伊哥领”全部作废。很多人都对麦高文更换副总统竞选搭档非常关注，而对于这些已经成为废物的汽车贴纸和竞选名牌毫不在意。正当此时，有个年仅十六岁的少年从中发现了商机，他按照五美分一个的价格购买了五千个汽车贴纸和竞选名牌。让人难以置信的是，这些废物摇身一变成了宝贝，男孩将其标价每个二十五美元，居然被抢购一空。很多人购买这些汽车贴纸和竞选名牌作为纪念品。的确，这些看似是废物的东西代表着历史的特定阶段和特别事件。可想而知，男孩由此赚取到人生中的第一桶金，也彰显出他独特的生意头脑和发散性思维。这个男孩就是比尔·盖茨，事实证明比尔·盖茨的确很适合经商，也是有独到眼光的。

在这个事例中，每个人都知道麦高文要更换副总统竞选人选，但是他们都忽略了那些成为废物的汽车贴纸和竞选名牌。偏偏比尔·盖茨慧眼识珠，意识到这些废物蕴含着很大的价值，也富有纪念意义，为此当机立断以低廉的价格购买了这些东西，再摇身一变将其包装成宝贝售卖出去。看到比尔·盖茨赚得盆满钵满，相信有很多人都会产生酸葡萄心理，觉得他就是运气好。实际上，这可和运气没有关系，而是因为比尔·盖茨有眼光，能够另辟蹊径，也能够从大家寻常见的东西里挖掘出有价值、有意义的东西，创造巨大的价值。后来，比尔·盖茨之所以能够创造微软帝国，成为世界首富，与他的发散性思维和创新精神是密不可分的。

男孩一定要有创造精神，这样才能从同样的境遇之中发现契机，找到成功的好机会，否则总是拘泥于固有的思维，只能看到别人已经看到的东西，谈何抢先一步，抢占先机呢？创造力蕴含着强大的力量，比知识更加重要。但是这并不意味着知识毫无用处，众所周知，创造力并非天生就具备的，而是在掌握一定的知识之后，才能灵活运用各种知识，开动自己的脑筋，才能呈现出创新的意识和能力。从现在开始，就让我们开动脑筋努力思考吧，不要因为懒惰就故步自封，也不要因为懒惰就总是对于各种事情怀着糟糕的体验，只有不断地努力成长，坚持进取，才能让思维更加灵活，也才能让知识的联结和互动更为密切。

搭乘想象力的翅膀，让自己展翅高飞

想象力对于孩子的成长至关重要，如果没有想象力，孩子就容易在成长过程中处处碰壁，也觉得成长枯燥乏味，没有任何乐趣可言。此外，想象力对于科学研究和发明创造也很重要，如果没有想象力，就只能求证，只有拥有想象力，才能突破性地解决问题，激发自身的潜能，发挥创造力，为缔造美好生活贡献力量。

2010年，英国曼彻斯特大学的一位科学家带着学生获得了物理学奖，引起了世界轰动。这位科学家叫安德烈·海姆，他的学生叫康斯坦丁·诺沃肖洛夫。康斯坦丁年仅三十六岁，居然和老师一起获得了诺贝尔物理学奖，这让人们对他刮目相看。要知道有史以来，能够获得诺贝尔奖的人平均年龄在五十岁，毫无疑问，康斯坦丁是诺贝尔奖获得者中不折不扣的年轻人。其实，更加吸引人们关注的，除了康斯坦丁的年龄之外，还有康斯坦丁和安德烈一起想出的脑洞大开的科学方法。一直以来，人们都为获得超薄材料石墨烯而感到烦恼，因为获得这种材料的方法很烦琐，需要耗费大量的时间和精力。但是，康斯坦丁和安德烈脑洞大开，创造性地突破了一切固有的方法，独辟蹊径，居然只使用“胶带”和“铅笔”，就能获得石墨烯。石墨烯来源于石墨材料，它的硬度很强，比钢铁还要坚硬一百倍，它的导电性非常好，韧性也很强。为此，如果能够获得大片的、质量上乘的石墨烯，就可以制作出超轻火箭、超级计算机，还能制作出超级防弹衣。然而，如何获得石墨烯是世界级难题，一直以来，无数科学家尝试各种办法解决难题，却没有进展。康斯坦丁和安德烈的方法是怎样的呢？说起来这个方法非常简单，就连小孩子都能想到。他们从石墨碎片中剥离石墨薄片，然后把石墨薄片的两侧都粘贴上胶带，只要把胶带撕开，石墨薄片就会随之一分为二。把这个简单的动作不断地重复下去，最终就得到了单层碳原子——石墨烯。听上去，这简直让人不敢相信，但是他们正是凭着这个脑洞大开的方法获得了诺贝尔物理学奖。

其实，安德烈的超级想象力并不是偶然表现出来的，他始终都是一个脑洞大开的科学家，最喜欢凭着想象进行各种科学研究。当然，虽然听起来用透明胶带把东西一分为二并不难，但是真的要把石墨材料撕分成为厚度和一个原子相当的厚度，还是很难的。只有想象力远远不够，还要进行无数次的反复试验，才能验证自己的设想，也才能以真实的效果证明自己的设想可行。但是无论多么艰难，有想法，并且可以把想法付诸实践，这一点都至关重要。正因为如此，伟大的科学家爱因斯坦才会说，想象力推动世界进步，孕育知识产生，是比知识更加重要的，是科学研究中不可或缺的重要因素。男孩原本就很善于思考，动手能力也很强，为何不发挥自身的优势，推动想象力持续向前发展，让自己也在思考的道路上不断地攀升呢？当想象力足够强大，那么我们距离成功就会越来越近。

想象力固然重要，培养和提升想象力并非简单容易的事情。知识是想象力的基础，男孩只有坚持学习，积累知识，才能以知识作为基础，获得长足的进步和发展。此外，想象力的诞生，还需要勤于观察，对于生活中出现的一切事物都饱含兴趣，怀有强烈的好奇心。这样才能在持续刻苦钻研的过程中，搭乘想象力的翅膀，让自己展翅高飞。

逆向思维，反而会有意外的收获

有一个老人退休了，独自居住，因为觉得闹市区的居住环境太吵闹，老人把闹市区的房子卖掉，去远郊区购买了一套更大、环境优美的房子。这套房子正处于小区的中间位置，楼下就是小区里最大的花园，每次推窗见景，老人觉得在这样的房子里住一天也是心情舒畅的。

然而，才住了没几天，到了暑假，安静美好的岁月随之结束。孩子们都不喜欢午睡，每天中午都在大花园那里嬉笑打闹，吵闹得老人连睡午觉都睡不着。这可怎么办呢？老人和孩子们沟通好几次，希望孩子们等到下午三点之后才出来玩，但是孩子们可不管这一套，总是吃完午饭就下楼，一直玩到太阳西落才回家。眼看着孩子们在被劝说之后愈演愈烈，老人突然想到一个好办法。此后接连好几天，老人都会买一些美味的零食分给孩子们吃，并且对孩子们说："我是一个独居的老人，每天都觉得很寂寞，希望你们每天中午都来玩，这样我在楼上阳台上就可以看到你们，也就不觉得寂寞了。"得到老人的零食作为奖赏，孩子们玩得更加兴高采烈，坚持要闹翻天。几天之后，老人找到孩子们，说："对不起，可爱的小家伙们，我的退休金快花完了，不能给们买礼物了。你们还可以每天来陪伴我吗？"听到老人的话，孩子们马上散开回家，有一个孩子边走边念念有词："都没有礼物给我们，还让我们来给你解闷，这么热的天气，我们回家吹空调吃冷饮该有多好！"看着孩子们渐渐远去的背影，老人高兴地回家，踏踏实实睡了个午觉。

一味地劝说孩子们不要吵闹，并不能让孩子们有所收敛。思来想去，老人想出了好办法解决问题，而且的确效果显著。老人先是给孩子们报酬，随后又不给孩子们报酬，这样一来孩子会觉得自己的付出没有得到应得的回报，为此也就不愿意顶着大太阳在花园嬉戏打闹了。不得不说，老人解决问题的思路很独特，也正是因为如此，才能起到良好的效果，也才能让自己安静地午休。

当然，逆向思维不是天马行空地胡思乱想，也不是不讲究原则和技巧地把问题弄得更糟糕，而是要针对真正发现的问题有的放矢地分析和解决问题。采取逆向思维可以有效地打破思维局限，让思维别有洞天，豁然开朗。在使用逆向思维的过程中，还要善于总结和反思，毕竟一个人很难一开始就把逆向思维使用很好，只有尝试着使用，不断地积累经验，才能最终娴熟地把逆向思维的方法使用好，也才能借助于逆向思维圆满地解决问题。

摆脱思维的禁锢，男孩才有可能进步

美国科普作家阿西莫夫从小就聪明，年轻时多次参加“智商测试”，得分总在160左右，属于“天赋极高者”之列，他一直为此洋洋得意。有一次，他遇到一位汽车修理工，是他的老熟人。修理工对阿西莫夫说：“嗨，博士！我来考考你的智力，出一道思考题，看你能不能回答正确。”

阿西莫夫点头同意。修理工便开始说题：“有一位既聋又哑的人，想买几根钉子，来到五金商店，对售货员做了这样一个手势：左手两个指头立在柜台上，右手握成拳头做出敲击的样子。售货员见状，先给他拿来一把锤子，聋哑人摇摇头，指了指立着的那两根指头，于是售货员就明白了，聋哑人想买的是钉子。聋哑人买好钉子，刚走出商店，接着进来一位盲人。这位盲人想买一把剪刀，请问：盲人将会怎样做？”

阿西莫夫顺口答道：“盲人肯定会这样。”说着，伸出食指和中指，做出剪刀的形状。汽车修理工一听笑了：“哈哈，你答错了吧！盲人想买剪刀，只需要开口说‘我买剪刀’就行了，他干吗要做手势呀？”

智商160的阿西莫夫，这时不得不承认自己确实是个“笨蛋”。而那位汽车修理工人却继续说：“在考你之前，我就料定你肯定要答错，因为你受的教育太多了，不可能很聪明。”

这里，修理工所说的“你受的教育太多了，不可能很聪明”，并不是因为学的知识多了人反而变笨了，而是因为人的知识和经验多，会在头脑中形成较多的思维定式。

著名撑竿运动员布勃卡有句名言：“记录就是用来打破的。”多么狂妄而又多么令人心潮澎湃的话语啊！他不断打破自己创造的纪录，不断突破人们心目中运动的界限。因为陶醉于突破人体的界限，他没有高处不胜寒的孤寂，他忘记了身体上的劳累与痛苦，他创造了一个又一个不可思议的记录，突破了公认的体力界限。在挑战与突破界限束缚的过程之中，他自然也就有非凡的撑竿成绩，有了别人无法比拟的超高水平。摆脱不了思想的禁锢，人们永远也不会有进步。

第十一章

让男孩充满勇气的7件事

过不去的只是你的内心

如果一生面临无数次的打击与失败，你会怎么做？是坚持还是放弃呢？或许从林肯身上你能学到很多很多。1832年林肯失业了，此刻的他可以说是生活非常困难，随后他打算好将来要走从政的道路，可是在竞选的过程中他还是失败了。短短一年的时间，面临的是双重的打击，或许对于谁来说都是非常难以接受的。没过多久他想要开始自己创业，创办自己的一家公司，可是，他的创业之路也没坚持一年就以失败而告终了。接下来的一二十年里他还是不断地在经历着失败，经济困难的他到处奔波，可以说是体味到了所有的人间苦楚。此间，他再一次决定竞选州议员，这次他终于成功了。他认为自己的生活可能有了转机，可就在离结婚还差几个月的时候，未婚妻不幸去世。他心力憔悴，卧床不起，患上了严重的神经衰弱症。1838年，他觉得身体稍稍好转时，又决定竞选州议会长，可他失败了；1843年，他又参加竞选美国国会议员，但这次仍然没有成功……

男孩，面临如此多的波折，会有谁还能去坚持，去实现梦想呢？失败了，他继续；痛苦了，他坚持。开公司，公司倒闭；参加竞选，一次次失败；准备结婚，未婚妻去世……似乎一切总是要跟他过不去。所谓天将降大任于斯人也，1846年，他终于成功了，他在又一次的竞选中成功了。在以后的日子里，他仍在失败中奋起，一次又一次地努力，最后，1860年，他当选为美国总统。林肯一直没有放弃自己的追求，一直在做自己生活的主宰，他用不败的精神迎来了成功。他以自己的经历告诉我们：成功不是运气和才能的问题，关键在于适当的准备和不屈不挠的决心。面对困难，不要退却，不要逃避。林肯压根就没有想过要放弃努力。他不愿放弃，也从不言败。

男孩，林肯总统面临如此大的波折都一路走了过来，取得了人生的新辉煌，我们那一点点磕磕碰碰与之相比又算得了什么呢？只是一些看着害怕的纸老虎罢了，轻轻一戳就可捅破。是啊，看似无法战胜的困难，有时就是一扇虚掩的门，只要我们有勇气，有毅力，就没有过不去的火焰山。

1.要有勇有谋

勇气是需要不断地锻炼的，多去尝试一些自己不敢做的事情（这里不包括那些危害身心健康的事），敢于突破自己。智慧非一日可得，需要男孩日积月累，多学习身边有经验的人怎样处理问题，多去看书增加自己的知识量。

2.坚持才能胜利

半途而废的人是做不成什么大事的，有自己的理想就要付诸行动，不断坚持才能取得成功。如果一点点的困难就放弃了，那么到最后将会一无所获。

在生活中，每个人都会遇到各种各样的难关。此时，我们只有两种选择：要么逃避，要不就咬紧牙关挺过去。显然，任何人都应该做第二种选择。因为，只有挺过去，才能为自己赢得机会——重生的机会！

勇敢和努力，让你收获更多

在学生时代，陈娇和张敏是同宿舍的好朋友，都喜欢网球，但是由于各自性格差异，所以呈现出了不同的发展水平。陈娇的网球打得不好，所以老是害怕输，而且容易紧张，在球场上不敢与人对垒。有一次她跟室友一起打着玩，后来球场上去了很多同学都在周围欣赏，一时间多了太多的观众，陈娇当场就乱了阵脚，不知如何是好，最后打得乱七八糟，满脸通红，总以为周围的人在笑话她，所以她一直不敢突破自己，只是偶尔人少的时候去玩几次，至今她的网球技术仍然很蹩脚；张敏的网球打得很差，但是她从不觉得有什么丢人的，她觉得不会就要多多练习，这样才会取得进步，有时候她招呼陈娇去打球，陈娇不去，她就去场地上跟其他班级的同学一起练习。她从不怕被人打下场，刚开始的时候老是出现错误，打得很差，惹得周围一片笑声，但是她也是一笑带过，越是输越打，然后还跟那些有经验的学长请教技巧，平日里也喜欢去观看他们的比赛，后来经过自己的不断努力和学习，她终于成了令人羡慕的网球手，成了大学网球代表队员。

我们在学习中何尝没遇到过这样的问题呢？很多同学面临喜欢的东西或者新鲜的事物不敢去尝试，没有勇气，总是表现得非常怯懦，最后什么也学不会。另外有的同学在学习上遇到难题，总是害怕开口问老师或同学，因为他们怕出丑，怕被笑话，于是积少成多，最后直接跟不上他人的脚步。男孩要记住，一个人并非生下来就什么都懂，什么都会的，都是在一次次的出丑与失败中练就出来的。所以说，遇到事情，不要害怕，敢于尝试，出丑只是暂时的，之后学到的东西才是一生的财富。

有些人真的值得我们钦佩和赞美，因为他们不服输也不怕输，勇敢地面对自己的不足。哪怕是自己在大众面前丢了人，他们仍然非常洒脱并一笑置之。就是这么一类人，他们还没学会反手球和正手球，就勇敢地走上网球场；他们还没学会基本舞步，就走下舞池寻找舞伴；他们甚至没有学会屈膝或控制滑板，就站上了滑道。勇敢和努力，会让你收获更多。

男孩，你此刻是否感觉学到了些什么呢？生活中有些男孩由于不愿成为初学者，就总是拒绝学习新东西。因为强烈的自尊心作怪，他们害怕失败，害怕丢人，所以宁愿闭塞自己的机会，限制自己的乐趣，禁锢自己的生活。想一下，真的没必要，放下自己的心理包袱，勇敢一次吧！

做一个勇敢的男孩

赵小军家境比较好，又是家里的独子，所以备受宠爱，可是有一点，他的胆子非常小，生性有点怯懦，又加上家里爷爷对他事事包办，所以从没吃过什么苦。上初中高中的时候，他就感觉到自己的不同，可是仍没有决心改变自己的性格。一直到赵小军上了大学，他发现宿舍里的哥们都是“勇士”，好像就他一个是“胆小鬼”。张扬独自一个人从遥远的北方来到南方读书；李强在爸妈的强迫之下选了自己不喜欢的法学专业，上了大学后他自己开始攻读另外一门专业；萧寒更牛，因为家里的条件不是很好，他就自己打工赚钱交学费。有时候赵小军觉得自己除了埋头学习什么都不会，简直是一无是处。于是他决定改变自己胆小的性格，让自己换一种活法。

时间过得真快，到了毕业的季节，这时候家里又托关系给赵小军找了一份比较舒适的工作。其实经过四年的大学生活，小军已经锻炼得不再是原来那么胆小的他了，他拒绝了父母的好意，决心靠自己打拼一片属于自己的天空。他和宿舍里的两个好哥们打算一起创业，在市里的一个路段开起了一个小超市，半年下来，赵小军的小超市已经经营得像模像样，还发展起来了多家连锁店，摇身一变做老板了。

有一年同学聚会，朋友相聚大都聊聊混得如何，是否婚嫁之类的话题。当大家得知当年那个什么事情都不敢尝试的小胆小鬼竟然自己做老板了，都感到非常的吃惊。本以为他会毕业之后听从父母安排稳稳地做个白领，没想到竟然有魄力自己单干做老板了。大家都对他感到非常的敬佩，一起聊着这些年发生的点点滴滴，玩到很晚才纷纷散去。

如果赵小军没有走出自己一直的胆小阴影，恐怕现在也不会拥有让很多人羡慕他成功的事业。任何一个人都想过自己想要的生活，任何人都不想由于自己的胆小让自己后悔莫及。那么如何驱走让我们懊恼的这只“胆小鬼”呢？

（1）自信是成功的基础，克服胆小怯懦，首先要自信。

（2）多交朋友，学会与人交往，散发自己的活力。

（3）锻炼自己的胆量，尝试新鲜的事物。

（4）多在公共场合练习发言，表现自己。

不要因为胆怯让机会白白失掉，我们只能落个“无可奈何花落去”的悲伤心境。要时刻给自己打气，时刻对自己说：我能行，我是最棒的！相信自己的实力，展现自己的优势，挖掘自己的潜力，认准目标，怀着必胜的决心，积极进取。

勇气和行动缺一不可

一转眼到了大三，陈小海就要去找工作实习了，可是想一下，自己丝毫没有社会经验，陈小海心里就有点发愁。后来一个偶然的机会，他看到了一个自己非常喜欢的一个工作岗位。那是网上的一则招聘广告，一家规模不小的公司要招几名电脑编程人员，待遇还不错，这非常符合陈小海的要求，心想着要是能留下，自己毕业以后可以在那里继续发展了，此时陈小海满心的高兴。

到了面试当天，陈小海就好好地打扮了一番，高兴地到那家公司去面试。一进去，他就被里面人挤人的场面吓了一跳。他立刻想到自己大学还没有毕业，而且也没有社会经验，一定没什么竞争力，此时他的心里开始打退堂鼓。后来自己想了想，本来自身就是一个在校大学生，既然有勇气来参加了，为什么要临阵脱逃呢？就算自己留不下，那以后还是要参加面试的，迟早都是面对，还不如来锻炼锻炼自己，长点经验也是很好的。定了定神之后，他在一个角落里坐下来等面试，鼓励自己，无论如何都要发挥出自己最出色的一面，要有勇气面对，也要用行动来证明自己。

看着来面试的人一个个胸有成竹而进，灰心丧气而出，陈小海想：这家公司这么多人应聘，果然是业界里的大公司，要从这么多人里脱颖而出倒不是件简单的事情。要是可以得到这个机会，让他拿一半的工资他都干。可是怎样才能胜过他人呢？

想了一会儿，陈小海写了一个纸条，凭借着初生牛犊不怕虎的勇气，他将纸条交给了工作人员，并笑着说："不好意思，您能不能帮我把这个纸条交给人事主管呢？这是很重要的信息，麻烦您了。"工作人员看到周围人们紧张的样子，而陈小海则灿烂地笑着，给他留下了深刻的印象。负责招聘的人打开了纸条，看完之后笑了，然后将纸条交给了人事主管，人事主管看完之后也笑了，原来纸条上写着：您好，我是排在第56位的男生，虽然我大学还没有毕业，但是我有接受公司安排任务的勇气，希望您能将位置留给我，谢谢。

没想到，公司真的聘用了他，陈小海成为这个公司的一个见习编程人员，而让他胜出的正是他的勇气和敢于行动的决心。

机会是留给有准备的人的，机会也是留给有勇有谋的人的，在际遇面前，如果我们不学会主动去出击，那么我们将会与其失之交臂。希望是留给有勇气的人的，想要达成自己的愿望，就要有为了愿望而付出努力的勇气。

男孩们，勇气，是我们学习道路上乃至人生道路上不可或缺的精神力量。在困难面前挑战是一种勇气，坚持是一种勇气，微笑，更是一种勇气。面对可能使自己沮丧的人或环境，采取积极的态度，那么问题就已经解决了一半。只要付出更大的努力，胜利就会提早来临。

正确对待他人的批评

在第74届奥斯卡颁奖仪式上，哈利·贝瑞荣获了最佳女主角奖。哈利·贝瑞是美国好莱坞的女明星，被人称为黑珍珠美人。即使得到如此至高无上的荣誉，得到了人们的恭维和赞美，但是哈利·贝瑞始终坚持做自己，从来没有因此而飘飘然。她很清楚自己必须始终牢记他人的批评，始终接纳他人的指责，才能不断地进取和成长。反之，如果因为得到了小小的荣誉就迷失了自己，那么就会陷入停滞不前的状态。

与获得奥斯卡最佳女主角奖的风光无限不同的是，哈利·贝瑞曾经在一个电影颁奖典礼上获得了最差女主角奖。对于大名鼎鼎的女明星而言，这样的打击是非常沉重的，但是她却坦然接受。因为她知道，只有怀着从容的态度接受批评，才能从中汲取经验和教训，才能够改正自己的错误，改正自己做不好的地方，从而让自己有更好的表现。也许哈利·贝瑞是第一个亲手接过最差女主角奖杯的女明星，但是这并没有让她失去自信，更没有让她在影坛中从此沉沦下去。得到这个奖项之后，她再接再厉，获得了更快速的成长，所以才能最终成长为一代巨星。

不得不说，哈利·贝瑞这样的态度是很多人都欠缺的。人生在世，没有一个人可以得到所有人的认可和好评，也没有一个人可以让自己做到面面俱到，毫无瑕疵。所以对于哈利·贝瑞而言，唯有坦然接受批评，才能直面自己。很多女演员在被评为最差的时候都会选择逃避，拒绝出席现场，正是因为如此，她们才不能进步。人们常说，良药苦口利于病，忠言逆耳利于行，对于每个人而言，也许听到逆耳的忠言是非常尴尬的，但是只要摆正心态，从容应对，接下来就能够获得很大的进步。

与其在他人的赞美和认可之中沉迷，不如时时想起他人对自己的批评，这样才能保持警醒，坚持进取。越是在遭遇批评的时候，我们越是不应该逃避，更不应该畏缩和胆怯，而是应该发自内心地接受，把批评视为自己人生中最宝贵的财富，让自己始终充满动力，努力前行。我们更应该拥有宽容博大的胸怀，拥有真正的人生智慧，这样才能在面对人生中的其他际遇时无所畏惧。

现实生活中，很多男孩都不能直面他人的批评，越是在面对批评的时候，他们越是会表示抗拒，甚至认为批评者别有用心，故意贬低和指责自己。其实，男孩这样的想法完全是多虑了。因为没有人愿意与他人为敌，只有那些真正对我们非常亲近，也真心想让我们变得越来越好的人，才会诚恳地为我们提出建议。既然如此，我们要做的就是感谢他们，而不是抗拒他们。

当男孩习惯于接受他人的批评，并且能够以正确的态度对待他人的批评时，男孩就能获得快速成长。反之，如果男孩面对批评的时候常常情绪激动，不愿意听从他人中肯的建议，那么他们就会处于骄傲自满的状态中导致发展停滞，甚至处于退步的状态。因此男孩一定要学会保持平静，理性地思考人生中各种各样的问题，一定要充满智慧地面对生活中的境遇，唯有如此，男孩才能成为真正的人生强者。

做个打不倒的男子汉

“有志者，事竟成，破釜沉舟，百二秦关终属楚；苦心人，天不负，卧薪尝胆，三千越甲可吞吴。”这句励志名言告诉所有的男孩，你是个男子汉，挫折与失败并不可怕，只要有勇气承担失败，然后从失败中站起来，即使屡战屡败，也会自强不息。而这种承担失败奋起的勇气就需要经历人生的磨炼方能获得，是否拥有钢铁般的意志，就要看你是否有积极乐观的心态。古之立大事者，不惟有超世之才，但必有坚韧不拔之志。但我们不难发现，现今社会中，很多男孩都认为，只要学习成绩好就是王道，却忽视了心态的培养。其实，只有从小培养男孩乐观积极的心态和坚强的意志，才能够比一般人更有勇气去迎接困难、挑战困难、战胜困难。

在每个男孩的心中，可能都有一个梦想，那就是能去NBA，但对于很多男孩来说，这只不过是个梦，因此，当年幼的博格斯说出“我长大后要去打NBA”这句话时，他的同伴们无不认为他是在白日做梦。因为，和同龄人相比，博格斯在体型上太瘦小了。一个十几岁的男孩，只有160厘米，这样的身高即使在东方人里也算矮子，更不用说是在两米都嫌矮的NBA了。

然而，即使面对同伴们的嘲笑，他也没有放弃自己的梦想，他继续努力，他下决心要打NBA。因此，他把大部分时间都花在练球上，即使他人已经去玩耍、去享受假期时，他依然在篮球场上挥汗如雨。

其实，博格斯很有自知之明，他明白，以自己的身高，要想进入NBA，必须要有过人之处。因此，在打篮球时，他充分发挥自己的优势，因为矮个子在打球时更激动灵活，他像一颗子弹一样；运球的重心最低，不会失误；个子小不引人注意，抄球常常得手。

终于，他成功了。在NBA中，博格斯是夏洛特黄蜂队中表现最杰出、失误最少的后卫之一。他身体灵活，技术一流，并且远投也很精准，即使在“高”人如云的比赛中，他也能无所畏惧，满场飞奔。

我们都知道，博格斯不仅是现在NBA里最矮的球员，也是NBA有史以来创纪录的矮子。但正是他的毅力，把他人眼中的不可能变成了现实。这就是勇气，它使人能一次次接受失败，然后从失败中寻找出自己的优势，重新站起来，迎接新的挑战。

男孩怕苦，就不会成功，就不会搞好学习，遇到困难就后退，悲观地对待生活，这样很难适应未来社会的竞争。

人生不顺，但这种经历也是一种财富。生命中的每个挫折、每个伤痛、每个失败，都自有它的意义，这对于每个男孩的成长都至关重要。具体来说，要想成为一个打不倒的男子汉，你需要做到：

1.相信自己能独自解决问题

其实，从天生的性格特点来讲，从襁褓期开始男孩就不像女孩那样心安理得地接受挫折，也不喜欢接受他人的帮助。通常他明明知道自己力所不能及，感情上却不能够很快地接受，他还是要坚持不断地尝试。长大后，你同样应该相信自己，相信自己的判断力，并且给自己足够的时间调整心态并找到解决的方法。

2.学会摆脱困境

即使天性乐观的人也不可能事事称心如意，但他们大多能很快从失意中重新奋起，并把一时的沮丧丢在脑后。因此，男孩，你应该在成长期就逐渐培养自己独立面对困境的能力，若一时无法摆脱，你应该学会忍耐和随遇而安，或在困境中寻找另外的精神寄托，如参加运动、游戏、聊天等。

遇到困难，要有调整自我和迎难而上的心境

现实生活中，我们每个人都有自己的目标，大部分也都会

为自己的目标奋斗，然而，目标的实现是一件需要恒心和耐力的事。现实案例告诉我们，百分之九十的失败者其实不是被打败，而是自己放弃了成功的希望。

在好莱坞，史泰龙大名鼎鼎，是不折不扣的大腕。然而，谁能想到，在出名之前，史泰龙的生活非常困窘，甚至买不起一件穿得出去的西服。即便生活如此艰难，他依然在坚持梦想：当演员，拍电影，功成名就。史泰龙心知肚明，好莱坞有五百家电影公司。为了让拜访更加有效，他事先设定了线路图，按照规划好的顺序挨家拜访。他还带着剧本，那是非常适合他的剧本。然而，逐个拜访下来，他居然被五百家电影公司拒绝了。这样的打击，对于大多数人来说都是致命的，为什么五百家公司中没有任何一家公司对他感兴趣呢？史泰龙没有气馁，他再次按照名单和线路图，开始了第二轮拜访。这需要多么大的勇气和自信啊，命运似乎在和他开玩笑，他的第二轮拜访依然毫无所获。没关系，史泰龙坚信自己有一天一定会成为电影明星，抱着这个梦想，他开始了第三轮拜访。这轮拜访的前349家，依然给予他拒绝。直到第350家电影公司的老板，才对史泰龙的剧本表现出稍许的兴趣。看完剧本后，老板通知史泰龙去公司详细聊聊。这次，史泰龙为自己争取到出镜的机会，而且是男1号。这部电影的名字叫《洛奇》，这个剧本就是史泰龙创作的。

从此之后，电影史上多了一个演员的名字——史泰龙，也多了一部富有传奇色彩的电影——《洛奇》。仅仅是逐一拜访500家电影公司，听上去就已经有点儿不可思议。更让人惊讶的是，在被500家电影公司拒绝后，史泰龙选择重新拜访一次，并且在第二轮拜访也毫无结果的情况下，开始了第三轮拜访。第三轮拜访听起来也不那么顺利，毕竟是到第350家影视公司，老板才想看看他的剧本。这需要多么顽强的毅力和勇气，如果没有自信，一定无法坚持下去。可以说，史泰龙的成功是踩着一次次失败，才能登顶的。

生活中的男孩，看看史泰龙的今天，再看看他的昨天，你们一定知道自己应该怎么做了吧。每一个成功人士的背后，都充满着无数次的失败。他们之所以能够获得成功，是因为他们坦然接受失败，并且将失败变成自己进步的阶梯。从失败中积累的经验、汲取的教训，对于我们行走人生之路大有裨益。

其实，排除追求理想这一点，即使生活中的小事，你都也应该做到迎难而上，只要你能做到调整自我，那么，你就能继续满怀希望地朝着目标努力，那么，在失败面前，你需要做怎样的调整呢?

1.努力接受不可避免的事实

的确，在追求目标的路上，总是会出现我们无法预料的因素，我们渴望成功，但结果并不一定如我们所想象，那么，我们面对不能避免、不可改变的事实——失败面前，最好的态度就是认定事实，做出积极乐观的反应。一个人，只有学会承受成败，才能节省下精力去为成功创造条件。没有人能有足够的情感和精力，既抗拒不可避免的事实，又创造一个新生活，你我只能在其中选一个。那么，聪明的你会如何选择呢?

2.迎难而上

接受失败并不是一蹶不振，适应环境也绝非消极适应，应是一种积极的姿态，也就是说，要善于发挥自己的主观能动性，有意识地利用环境中有利的因素，强化自己的个性，为自己的发展开拓更大的生存发展空间，进而在新环境中有所作为，做出更大贡献。这是一种更高层次上的适应能力。

总之，男孩，你需要明白的是，任何人，都不必对环境苛求，而应该不断提高自己的适应能力，努力与现实接轨，才能注重脚下的路，一步一步走向未来。

参考文献

［1］任福和.好成绩男孩一定要做的50件事［M］.长春：吉林出版集团有限责任公司，2016.
［2］柴一冰，郭峰.优秀男孩一定要做的100件事［M］.北京：北京工业大学出版社，2013.
［3］任福和.高智商男孩一定要做的50件事［M］.长春：吉林出版集团有限责任公司，2016.